Vorwort

Im Rahmen der europäischen Harmonisierung der Betonbaunormen wurden mit Herausgabe und Einführung der Normen DIN 1045, Teile 1 bis 4, und DIN EN 206, Teil 1, die Planung und Ausführung von Bauwerken aus Beton und die Herstellung von Beton neu geregelt.

Neben einer veränderten Terminologie gilt auch eine Neuordnung der Verantwortlichkeiten der am Bau Beteiligten. Mit den strukturellen Änderungen in den Normen werden vor allem die Leistungen und Pflichten des Planenden erweitert und deutlicher beschrieben. Die Betonnormung legt neben der Tragfähigkeit und der Gebrauchstauglichkeit gleichrangig die Dauerhaftigkeit von Betonbauteilen als Entwurfskriterium fest. Die Anforderungen aus den vorhandenen Umweltbedingungen für Beton werden mit Hilfe von Expositionsklassen eingestuft. Der Umgang mit diesen Expositionsklassen ist neu und in der Anfangszeit ungewohnt.

Der Bauteilkatalog ist eine Planungshilfe, in der Bauteilen die Expositionsklasse, die Mindestdruckfestigkeitsklasse, die Mindestbetondeckung und die Überwachungsklasse zugeordnet werden. Er soll damit Hilfe für die Praxis bieten, bewährte Planungsvorgänge nach neuer Norm zu absolvieren, um auch künftig dauerhafte und wirtschaftliche Betonbauwerke zu erstellen. Diese Planungshilfe ersetzt nicht die projektbezogene Planungsleistung. Sie entbindet nicht von der Pflicht zur Prüfung der Normvorgaben und ihrer Gültigkeit für den Anwendungsfall.

Der im Jahr 2001 erstmals erschienene Bauteilkatalog wird fortlaufend an die neue Normung angepasst. Hinweise und Anregungen zu dieser Ausgabe sind ausdrücklich erwünscht.

Die Inhalte des Bauteilkataloges sind eine Grundlage der Planungssoftware „Betonguide", die vom Bundesverband der Deutschen Zementindustrie e.V. und vom Bundesverband der Deutschen Transportbetonindustrie e.V. gemeinsam herausgegeben wird.

Der Bauteilkatalog wurde in seiner grundsätzlichen Konzeption von der Bauberatung Zement erarbeitet und wird von den Regionalgesellschaften (BetonMarketing) weitergeführt.

Autoren dieser Ausgabe sind:

Dipl.-Ing. Michael J. Dickamp
BetonMarketing Nord, Hannover

Dipl.-Ing. Rolf Kampen
BetonMarketing West, Beckum

Dipl.-Ing. Martin Peck
BetonMarketing Süd, München

Dipl.-Ing. Roland Pickhardt
BetonMarketing West, Beckum

Dr.-Ing. Thomas Richter
BetonMarketing Ost, Leipzig

Für die Mitarbeit an den zuvor erschienenen Auflagen sei den Herren Dipl.-Ing. Karsten Ebeling, Burgdorf und Dipl.-Ing. Norbert Klose, Buxtehude, gedankt.

Die Verfasser

Inhaltsverzeichnis

	Vorwort	1
1	Anwendungshinweise	3
2	Normen	3
3	Bauteilkatalog	7
3.1	Gründungsbauteile, Fundamente, Stützbauwerke	8
3.2	Wohnungsbau Innenbauteile, Bauteile im Freien, Bauteile mit Zugang der Außenluft, Bauteile mit hohem Wassereindringwiderstand Wände, Stützen, Decken, Balken, Treppen, Podeste Keller, Garagen, Balkone, Attiken, Dachstreifen	9
3.3	Ingenieurbau Brücken, Brücken nach ZTV-ING, Masten, Schornsteine, Kühltürme, Weiße Wannen, Tiefgaragen/Parkhäuser	12
3.4	Industrie- und Verwaltungsbau Stützen, Balken, Unterzüge, Decken, Wände, Fassaden, Drempel Bauteile mit hohem Wassereindringwiderstand	15
3.5	Umwelt- und Gewässerschutz Abwasseranlagen, Tankstellenabfüllplätze, Auffangwannen, Ableitflächen	16
3.6	Wasserbau Bauteile im Süßwasser, Bauteile im Meerwasser	18
3.7	Verkehrswegebau Fahrbahnen und Verkehrsflächen, Landwirtschaftliche Wege, Sonstige Verkehrsflächen, Feste Fahrbahnen	20
3.8	Landwirtschaftliches Bauen Lagerböden, Stallböden, Düngelager, Güllekanäle, Güllekeller, Güllehochbehälter, Verkehrsflächen, Eigenbedarftankstellen, Kompostieranlagen, Gärfuttersilos, Stallwände, -decken, -stützen, -balken	21
3.9	Besondere Bauweisen Sichtbeton, Dreifachwand, Bauteile unter Wärmedämmverbundsystemen	25
3.10	Industrieböden Böden in Hallen, Böden im Freien	26
4	Anhang	29
4.1	Begriffe	29
4.2	Zemente – Arten und Zusammensetzung nach DIN EN 197-1, DIN EN 197-4 bzw. für Sonderzemente nach DIN EN 14216	30
4.3	Anwendungsbereiche von Zementen (Teil 1) nach DIN EN 197-1, DIN EN 197-4, DIN 1164 bzw. von Sonderzementen nach DIN EN 14216	31
4.4	Anwendungsbereiche von Zementen (Teil 2) nach DIN EN 197-1 und DIN 1164	32
4.5	Druckfestigkeitsklassen von Normal- und Schwerbeton	33
4.6	Grenzwerte für die Expositionsklassen bei chemischem Angriff durch Grundwasser	33
4.7	Grenzwerte für Zusammensetzung und Eigenschaften von Beton – Teil 1	34
4.8	Grenzwerte für Zusammensetzung und Eigenschaften von Beton – Teil 2	34
4.9	Überwachungsklassen für Beton	35
4.10	Expositionsklassengruppen	35
4.11	Betondeckung der Bewehrung für Betonstahl in Abhängigkeit von der Expositionsklasse	36
4.12	Anforderungen an die Begrenzung der Rissbreite	36
4.13	Hinweise zur Einstufung von Betonbauteilen in Alkali-Feuchtigkeitsklassen	37
4.14	Erläuterungen zur ZTV-ING	39
5	Schrifttum	40

Anwendungshinweise 1

Der Bauteilkatalog ist eine Beispielsammlung für die Einstufung von Betonbauteilen in Expositions-, Mindestdruckfestigkeits- und Überwachungsklassen unter Einbeziehung der Mindestbetondeckung mit Bezugnahme auf die neue und ab 1. Januar 2005 alleingültige Normengeneration im Betonbau. Die zugrunde liegenden Normenfassungen sind im Kapitel Normen aufgelistet. Bitte beachten Sie auch Hinweise und Fußnoten zu bevorstehenden, aber noch nicht abgeschlossenen Normänderungen und neuen europäischen Normen.

Der Bauteilkatalog soll als Planungshilfe dienen und den Umgang mit den neuen Strukturen und Inhalten erleichtern. In den nachfolgenden Ausführungen werden häufig in der Praxis anzutreffende Anwendungsfälle für Normalbeton dargestellt. Leichtbeton und Spannbeton werden nicht behandelt.

Für die Einstufung in bestimmte Klassen ist der Einzelfall maßgebend. Darüber hinaus können regionale Besonderheiten – z.B. in Küstennähe oder beim landwirtschaftlichen Bauen – zu abweichenden Festlegungen führen. Die aufgeführten Beispiele im Abschnitt 3 des Bauteilkatalogs können daher nur einen Anhalt für die zu treffende Einstufung durch den Planenden geben. Die verschiedenen Oberflächen eines Bauteils können jeweils unterschiedlichen Umwelteinwirkungen ausgesetzt sein und damit auch unterschiedliche Expositionsklassen aufweisen.

Sofern zu einem Bauteil die Expositionsklassen XC2, XD2 oder XS2 festgelegt werden und die Möglichkeit besteht, dass beispielsweise einer der nachfolgend genannten Zemente zur Anwendung kommt:

- Portlandflugaschezement mit kalkreicher Flugasche CEM II/B-W
- Portlandkompositzement CEM II/B-M
- Hochofenzement CEM III/C
- Puzzolanzement CEM IV
- Kompositzement CEM V

sind, wenn ebenfalls zutreffend, in der Festlegung auch die Expositionsklassen XC1, XD1 oder XS1 anzugeben. (Beispiel: Bauteile im Meerwasser: unter der Wasserlinie XS2, oberhalb XS1). Diese Angabe ist erforderlich, da die genannten Zemente für die niedrigeren Expositionsklasssen XC1, XD1 und XS1 nicht eingesetzt werden dürfen.

Weitere Angaben zu mitgeltenden Regeln und Vorschriften enthalten die Spalte „Hinweise" der Beispiele und der Anhang.

Im Anhang ist auch eine Auswahl von Festlegungen zu finden, die ggf. zusätzlich zur Einstufung in Expositionsklassen zu treffen sind. Hierzu zählen beispielsweise Anwendungsbereiche von Zementen, Angaben zur Betondeckung u.v.m. Betondeckungsmaße in Abhängigkeit vom Stabdurchmesser der Bewehrung sind zusätzlich zu den Angaben in den Beispielen zu berücksichtigen.

Die Anwendung der Alkali-Richtlinie ist im Anwendungsbereich sowie im Angrenzenden Bereich erforderlich. Betonbauteile, die der Feuchtigkeitsklasse „trocken" (WO) zugeordnet sind, gehören in die Feuchtigkeitsklasse WF, wenn deren kleinste Abmessung 0,50 m überschreitet (siehe Anhang 4.13). Besonderheiten bei Bauteilen in Küstennähe, bedingt durch Meer- und Brackwasser sowie durch Sprühnebel, sind nicht immer berücksichtigt. Die Mindestbetondeckung ist auch abhängig vom eingesetzten Stabdurchmesser. Den Angaben zur Mindestbetondeckung im Kapitel 3 liegt die Annahme üblicher Stabdurchmesser zugrunde. Die Regelungen der Norm (siehe Anhang 4.11) sind in diesem Sinne anzuwenden.

Der Bauteilkatalog enthält auch Einstufungen für Bauteile, die ihrer Nutzung nach nicht in den Anwendungsbereich von DIN EN 206-1 und DIN 1045-2 fallen. Diese Bauteile werden jedoch üblicherweise in weitgehender Anlehnung an bestehende Normen geplant und ausgeführt und wurden aus diesem Grunde in den Bauteilkatalog aufgenommen.

Diese Planungshilfe ersetzt nicht die projektbezogene Planungsleistung. Sie entbindet nicht von der Pflicht zur Prüfung der Normenvorgaben und ihrer Gültigkeit für den Anwendungsfall.

Normen 2

Bei der Bearbeitung des Bauteilkataloges wurden folgende Normen und Regelwerke berücksichtigt:

DIN 1045-1   Tragwerke aus Beton, Stahlbeton und Spannbeton – Teil 1: Bemessung und Konstruktion, einschließlich Berichtigung 2

DIN 1045-2   Tragwerke aus Beton, Stahlbeton und Spannbeton – Teil 2: Beton – Festlegung, Eigenschaften, Herstellung und Konformität, Anwendungsregeln zu DIN EN 206-1, einschließlich Änderung A1

DIN 1045-3   Tragwerke aus Beton, Stahlbeton und Spannbeton – Teil 3: Bauausführung, einschließlich Änderung A1

DIN 1045-4   Tragwerke aus Beton, Stahlbeton und Spannbeton – Teil 4: Ergänzende Regeln für die Herstellung und die Konformität von Fertigteilen

DIN EN 206-1   Beton – Teil 1: Festlegung, Eigenschaften, Herstellung und Konformität, einschließlich Änderung A2

DIN-Fachbericht 100 – Beton:
    Zusammenstellung von DIN EN 206-1 und DIN 1045-2, 2. Auflage 2005

Die in DIN 1045-2, Tragwerke aus Beton, Stahlbeton und Spannbeton – Teil 2: Festlegung, Eigenschaften und Konformität, Anwendungsregeln zu DIN EN 206-1, vorliegende Tabelle der Expositionsklassen wurde um die im gleichen Dokument geregelten Mindestdruckfestigkeitsklassen erweitert und in der nachfolgenden Tafel 1 zusammengeführt. Diese Tafel ist für die Einstufung in Expositionsklassen maßgebend.

Zusätzlich bestehende Regelwerke, die derzeit nicht mit den neuen Betonnormen abgeglichen sind, z.B. Normen, Richtlinien, ZTV oder Länderregelungen, können abweichende oder weitergehende Festlegungen enthalten. Sie sind nicht Bestandteil des vorliegenden Bauteilkatalogs. Erläuterungen zur ZTV-ING [18] enthält Abschnitt 4.14. Auslegungen zur DIN 1045-1, auch zu Expositionsklassen bei speziellen Anwendungsfällen, finden sich unter **www.nabau.din.de**.

Tafel 1: Zusammenstellung ausgewählter Angaben aus DIN 1045-2, Tabellen 1, F.2.1 und F.2.2 [2]; [3]; [4]

Bewehrungskorrosion

Klassenbe-zeichnung	Beschreibung der Umgebung	Beispiele für die Zuordnung von Expositionsklassen (informativ)	Mindestdruck-festigkeitsklasse
1 Kein Korrosions- oder Angriffsrisiko			
Für Bauteile ohne Bewehrung oder eingebettetes Metall in nicht betonangreifender Umgebung kann die Expositionsklasse X0 zugeordnet werden.			
X0	Für Beton ohne Bewehrung oder eingebettetes Metall; alle Expositionsklassen, ausgenommen Frostangriff mit und ohne Taumittel, Abrieb oder chemischer Angriff	Fundamente ohne Bewehrung und ohne Frost	**C8/10** Für Tragwerke nach DIN 1045-1 gilt die Mindestdruckfestigkeitsklasse C12/15
X0		Innenbauteile ohne Bewehrung	
2 Bewehrungskorrosion, ausgelöst durch Karbonatisierung			
Wenn Beton, der Bewehrung oder anderes eingebettetes Metall enthält, Luft und Feuchtigkeit ausgesetzt ist, muss die Expositionsklasse wie folgt zugeordnet werden: ANMERKUNG: Die Feuchtigkeitsbedingung bezieht sich auf den Zustand innerhalb der Betondeckung der Bewehrung oder anderen eingebetteten Metalls; in vielen Fällen kann jedoch angenommen werden, dass die Bedingungen in der Betondeckung den Umgebungsbedingungen entsprechen. In diesen Fällen darf die Klasseneinteilung nach der Umgebungsbedingung als gleichwertig angenommen werden. Dies braucht nicht der Fall zu sein, wenn sich zwischen dem Beton und seiner Umgebung eine Sperrschicht befindet.			
XC1	trocken oder ständig nass	Bauteile in Innenräumen mit üblicher Luftfeuchte (einschließlich Küche, Bad und Waschküche in Wohngebäuden)	**C16/20**
XC1		Beton, der ständig in Wasser getaucht ist	
XC2	nass, selten trocken	Teile von Wasserbehältern; Gründungsbauteile	
XC3	mäßige Feuchte	Bauteile, zu denen die Außenluft häufig oder ständig Zugang hat, z. B. offene Hallen, Innenräume mit hoher Luftfeuchtigkeit z. B. in gewerblichen Küchen, Bädern, Wäschereien, in Feuchträumen von Hallenbädern und in Viehställen	**C20/25**
XC4	wechselnd nass und trocken	Außenbauteile mit direkter Beregnung	**C25/30**
3 Bewehrungskorrosion, verursacht durch Chloride, ausgenommen Meerwasser			
Wenn Beton, der Bewehrung oder anderes eingebettetes Metall enthält, chloridhaltigem Wasser, einschließlich Taumittel, ausgenommen Meerwasser, ausgesetzt ist, muss die Expositionsklasse wie folgt zugeordnet werden:			
XD1	mäßige Feuchte	Bauteile im Sprühnebelbereich von Verkehrsflächen	**C25/30(LP)** (LP), wenn gleichzeitig XF **C30/37**
XD1		Einzelgaragen	
XD2	nass, selten trocken	Solebäder	**C30/37(LP)**[1] (LP), wenn gleichzeitig XF **C35/45**[1]
XD2		Bauteile, die chloridhaltigen Industrieabwässern ausgesetzt sind	
XD3	wechselnd nass und trocken	Teile von Brücken mit häufiger Spritzwasserbeanspruchung	**C30/37(LP)**[2] (LP), wenn gleichzeitig XF **C35/45**[2]
XD3		Fahrbahndecken, Parkdecks	
4 Bewehrungskorrosion, verursacht durch Chloride aus Meerwasser			
Wenn Beton, der Bewehrung oder anderes eingebettetes Metall enthält, Chloriden aus Meerwasser oder salzhaltiger Seeluft ausgesetzt ist, muss die Expositionsklasse wie folgt zugeordnet werden:			
XS1	salzhaltige Luft, aber kein unmittelbarer Kontakt mit Meerwasser	Außenbauteile in Küstennähe	**C25/30(LP)** (LP), wenn gleichzeitig XF **C30/37**
XS2	unter Wasser	Bauteile in Hafenanlagen, die ständig unter Wasser liegen	**C30/37(LP)**[1] (LP), wenn gleichzeitig XF **C35/45**[1]
XS3	Tidebereiche, Spritzwasser- und Sprühnebelbereiche	Kaimauern in Hafenanlagen	**C30/37(LP)**[2] (LP), wenn gleichzeitig XF **C35/45**[2]

[1] Bei massigen Bauteilen oder langsam bzw. sehr langsam erhärtenden Betonen (r < 0,30) eine Festigkeitsklasse niedriger [4] und [13]
[2] Bei massigen Bauteilen unter bestimmten Bedingungen eine Festigkeitsklasse niedriger [13]

Tafel 1: Zusammenstellung ausgewählter Angaben aus DIN 1045-2, Tabellen 1, F.2.1 und F.2.2 [2]; [3]; [4]

Betonkorrosion

Klassenbe-zeichnung	Beschreibung der Umgebung	Beispiele für die Zuordnung von Expositionsklassen (informativ)	Mindestdruck-festigkeitsklasse
5 Frostangriff mit oder ohne Taumittel			
Wenn durchfeuchteter Beton erheblichem Angriff durch Frost-Tau-Wechsel ausgesetzt ist, muss die Expositionsklasse wie folgt zugeordnet werden:			
XF1	mäßige Wassersättigung, ohne Taumittel	Außenbauteile[2)	C25/30
XF2	mäßige Wassersättigung, mit Taumittel	Bauteile im Sprühnebel- oder Spritzwasserbereich von taumittelbehandelten Verkehrsflächen, soweit nicht XF4 Bauteile im Sprühnebelbereich von Meerwasser	C25/30(LP) C35/45[1)
XF3	hohe Wassersättigung, ohne Taumittel	Offene Wasserbehälter Bauteile in der Wasserwechselzone von Süßwasser	C25/30(LP) C35/45[1)
XF4	hohe Wassersättigung, mit Taumittel	Verkehrsflächen, die mit Taumitteln behandelt werden Überwiegend horizontale Bauteile im Spritzwasserbereich von taumittelbehandelten Verkehrsflächen Räumerlaufbahnen von Kläranlagen Meerwasserbauteile in der Wasserwechselzone	C30/37(LP)
6 Betonkorrosion durch chemischen Angriff			
Wenn Beton chemischem Angriff durch natürliche Böden, Grundwasser, Meerwasser nach Tabelle 2, DIN 1045-2, und Abwasser ausgesetzt ist, muss die Expositionsklasse wie folgt zugeordnet werden: ANMERKUNG: Bei XA3 und unter Umgebungsbedingungen außerhalb der Grenzen von Tabelle 2, DIN 1045-2, bei Anwesenheit anderer angreifender Chemikalien, chemisch verunreinigtem Boden oder Wasser, bei hoher Fließgeschwindigkeit von Wasser und Einwirkung von Chemikalien nach Tabelle 2, DIN 1045-2, sind Anforderungen an den Beton oder Schutzmaßnahmen in DIN 1045-2, Abschnitt 5.3.2, vorgegeben.			
XA1	chemisch schwach angreifende Umgebung nach Tabelle 2, DIN 1045-2	Behälter von Kläranlagen Güllebehälter	C25/30
XA2	chemisch mäßig angreifende Umgebung nach Tabelle 2, DIN 1045-2 und Meeresbauwerke	Betonbauteile, die mit Meerwasser in Berührung kommen Bauteile in betonangreifenden Böden	C30/37(LP)[1) (LP), wenn gleichzeitig mindestens XF2 C35/45[1)
XA3	chemisch stark angreifende Umgebung nach Tabelle 2, DIN 1045-2	Industrieabwasseranlagen mit chemisch angreifenden Abwässern Gärfuttersilos und Futtertische der Landwirtschaft Kühltürme mit Rauchgasableitung	C30/37(LP) (LP), wenn gleichzeitig mindestens XF2 C35/45
7 Betonkorrosion durch Verschleißbeanspruchung			
Wenn Beton einer erheblichen mechanischen Beanspruchung ausgesetzt ist, muss die Expositionsklasse wie folgt zugeordnet werden:			
XM1	mäßige Verschleißbeanspruchung	Tragende oder aussteifende Industrieböden mit Beanspruchung durch luftbereifte Fahrzeuge	C25/30(LP) (LP), wenn gleichzeitig mindestens XF2 C30/37
XM2	starke Verschleißbeanspruchung	Tragende oder aussteifende Industrieböden mit Beanspruchung durch luft- oder vollgummibereifte Gabelstapler	C30/37(LP) (LP), wenn gleichzeitig mindestens XF2 C35/45 C30/37 Oberflächenbehandlung erforderl.
XM3	sehr starke Verschleißbeanspruchung	Tragende oder aussteifende Industrieböden mit Beanspruchung durch elastomer- oder stahlrollenbereifte Gabelstapler Oberflächen, die häufig mit Kettenfahrzeugen befahren werden Wasserbauwerke in geschiebebelasteten Gewässern, z. B. Tosbecken	C30/37(LP) (LP), wenn gleichzeitig mindestens XF2 Hartstoffe nach DIN 1100 C35/45 Hartstoffe nach DIN 1100

[1) Bei massigen Bauteilen oder langsam bzw. sehr langsam erhärtenden Betonen (r < 0,30) eine Festigkeitsklasse niedriger [4] und [13]
[2) Horizontale Flächen: bei Möglichkeit hoher Durchfeuchtung bei Frost ist die Einstufung in die Expositionsklasse XF3 zu prüfen.

Bauteilkatalog 3

3.1 Gründungsbauteile, Fundamente, Stützbauwerke — 8

3.2 Wohnungsbau — 9
Innenbauteile, Bauteile im Freien, Bauteile mit Zugang der Außenluft, Bauteile mit hohem Wassereindringwiderstand
Wände, Stützen, Decken, Balken, Treppen, Podeste
Keller, Garagen, Balkone, Attiken, Dachstreifen

3.3 Ingenieurbau — 12
Brücken, Brücken nach ZTV-ING, Masten, Schornsteine, Kühltürme, Weiße Wannen, Tiefgaragen/Parkhäuser

3.4 Industrie- und Verwaltungsbau — 15
Stützen, Balken, Unterzüge,
Decken, Wände, Fassaden,
Drempel
Bauteile mit hohem Wassereindringwiderstand

3.5 Umwelt- und Gewässerschutz — 16
Abwasseranlagen, Tankstellenabfüllplätze, Auffangwannen,
Ableitflächen

3.6 Wasserbau — 18
Bauteile im Süßwasser, Bauteile im Meerwasser

3.7 Verkehrswegebau — 20
Fahrbahnen und Verkehrsflächen, Landwirtschaftliche Wege, Sonstige Verkehrsflächen, Feste Fahrbahnen

3.8 Landwirtschaftliches Bauen — 21
Lagerböden, Stallböden, Düngelager, Güllekanäle, Güllekeller, Güllehochbehälter, Verkehrsflächen, Eigenbedarftankstellen, Kompostieranlagen, Gärfuttersilos, Stallwände, -decken, -stützen, -balken

3.9 Besondere Bauweisen — 25
Sichtbeton, Dreifachwand, Bauteile unter Wärmedämmverbundsystemen

3.10 Industrieböden — 26
Böden in Hallen, Böden im Freien

3.1 Gründungsbauteile, Fundamente, Stützbauwerke

		Karbonatisierung					Chlorid			Chlorid Meer			Frost		Frost Tau- mitt.		Chem. Angriff			Ver- schleiß			Mindest- druckfestig- keitsklasse	Beton- deckung (s. Tab. 4.11) c_{min} [mm]	Überwa- chungs- klasse $ÜK^{2)}$	Spezielle Hinweise, Regelwerke und Literatur
		X0	XC[8]				XD			XS			XF		XF		XA[7]			XM						
			1	2	3	4	1	2	3	1	2	3	1	3	2	4	1	2	3	1	2	3				
3.1.1	**Bauteile unter GOK**[4)5)] bewehrt		X																				C16/20	20	1	WF, Anhang 4.13
	ohne Frost unbewehrt	X																					C8/10[9)]		1	WF, Anhang 4.13
3.1.2	**Bauteile unter GOK**[4)5)] bewehrt			X													X						C25/30	20	2	WF, Anhang 4.13
	ohne Frost, schwacher chemischer Angriff unbewehrt																X									
3.1.3	**Bauteile unter GOK**[4)5)] bewehrt		X															X					C35/45	20	2	WF, Anhang 4.13
	ohne Frost, mäßiger chemischer Angriff unbewehrt																	X								
3.1.4	**Bauteile unter GOK**[4)5)] bewehrt		X																X				C35/45	20	2	WF, Anhang 4.13; Anhang 4.6; Oberflächenschutz oder Gutachten erforderlich
	ohne Frost, starker chemischer Angriff unbewehrt																		X							
3.1.5	**Bauteile über GOK**[3)4)5)] bewehrt				X								X										C25/30	25	1	WF, Anhang 4.13
	Frost unbewehrt												X													
3.1.6	**Bauteile über GOK**[3)4)5)] bewehrt				X								X				X						C25/30	25	2	WF, Anhang 4.13
	Frost, schwacher chemischer Angriff unbewehrt												X				X									
3.1.7	**Bauteile über GOK**[3)4)5)] bewehrt				X								X					X					C35/45	25	2	WF, Anhang 4.13
	Frost, mäßiger chemischer Angriff unbewehrt												X					X								
3.1.8	**Bauteile über GOK**[3)4)5)] bewehrt				X								X						X				C35/45	25	2	WF, Anhang 4.13; Anhang 4.6; Oberflächenschutz oder Gutachten erforderlich
	Frost, starker chemischer Angriff unbewehrt												X						X							

[2)] Soweit nicht aufgrund anderer Randbedingungen eine andere Überwachungsklasse maßgebend ist
[3)] Für Bauteile in Küstennähe (salzhaltige Luft) gilt: Expositionsklasse XS1, Mindestdruckfestigkeitsklasse C30/37 bzw. C25/30(LP), Mindestbetondeckung 40 mm, Überwachungsklasse 2, WA (Anhang 4.13)
[4)] Bauteile des Wasserbaus siehe Kapitel 3.6
[5)] Im Geltungsbereich der DAfStb-Richtlinie „Wasserundurchlässige Bauwerke aus Beton": Beton mit hohem Wassereindringwiderstand, [15] beachten.
[6)] Ausführung nach Überwachungsklasse 1 möglich, wenn der Baukörper nur zeitweilig aufstauendem Sickerwasser ausgesetzt ist und wenn in der Projektbeschreibung nichts anderes festgelegt ist.
[7)] Ein chemischer Angriff durch Sulfat ist in der Festlegung anzugeben, bei angreifenden Wässern in mg/l SO_4^{2-}.
[8)] Wenn neben der Expositionsklasse XC2 die Expositionsklasse XC1 ebenfalls zutreffend ist, sind in der Festlegung beide Expositionsklassen anzugeben.
[9)] Für Tragwerke nach DIN 1045-1 gilt die Mindestdruckfestigkeitsklasse C12/15.

3.2 Wohnungsbau

		Karbonatisierung					Chlorid			Chlorid Meer			Frost			Frost Tau-mitt.		Chem. Angriff			Verschleiß			Mindest-druckfestig-keitsklasse	Beton-deckung (s. Tab. 4.11) c_{min} [mm]	Überwa-chungs-klasse ÜK[2]	Spezielle Hinweise, Regelwerke und Literatur
		X0	XC[11]				XD[11]			XS			XF			XF		XA[9]			XM						
			1	2	3	4	1	2	3	1	2	3	1	2	3	2	4	1	2	3	1	2	3				
3.2.1	**Innenbauteile**																										
a)	unbewehrt	X																						C8/10[12]		1	WO, Anhang 4.13
b)	bewehrt		X																						C16/20	10	1	WO, Anhang 4.13; $c_{min} \geq d_s$
3.2.2	**Bauteile im Freien** unbewehrt																										
a)	Frost													X											C25/30		1	WF, Anhang 4.13
b)	Vertikal, Frost, Tausalzsprühnebel																X								C25/30(LP) C35/45		2	WA, Anhang 4.13
c)	Horizontal, Frost, Tausalz															X									C30/37(LP)		2	WA, Anhang 4.13
3.2.3	**Bauteile im Freien**[7] bewehrt																										
a)	Frost				X									X											C25/30	25	1	WF, Anhang 4.13
b)	Vertikal, Frost, Tausalzsprühnebel				X		X	X									X								C25/30(LP) C35/45	40	2	WA, Anhang 4.13
c)	Horizontal, Frost, Tausalz				X		X		X							X									C30/37(LP)	40	2	WA, Anhang 4.13
3.2.4	**Bauteile mit Zugang der Außenluft** unbewehrt																										
a)	Frost													X											C25/30		1	WF, Anhang 4.13
b)	Vertikal, Frost, Tausalzsprühnebel																X								C25/30(LP) C35/45		2	WA, Anhang 4.13
c)	Horizontal, Frost, Tausalz															X									C30/37(LP)		2	WA, Anhang 4.13
3.2.5	**Bauteile mit Zugang der Außenluft**[7] bewehrt																										
a)	ohne Frost			X																					C20/25	20	1	WO, Anhang 4.13
b)	Frost			X										X											C25/30	20	1	WO, Anhang 4.13
c)	Vertikal, Frost, Tausalzsprühnebel			X			X	X									X								C25/30(LP) C35/45	40	2	WA, Anhang 4.13
d)	Horizontal, Frost, Tausalz			X			X		X							X[5]	X[5]								C30/37(LP)	40	2	WA, Anhang 4.13
3.2.6	**Bauteile mit hohem Wassereindringwiderstand**[4] unbewehrt/bewehrt			Expositionsklasse nach Beanspruchung festlegen[10]																					C25/30[8]	—[5]	2	WF, Anhang 4.13; ggf. [15]; DIN 1045-2, Abs. 5.5.3

[2] Soweit nicht aufgrund anderer Randbedingungen eine andere Überwachungsklasse maßgebend ist
[4] Weiße Wannen siehe Bauteilkatalog, Ziffer 3.3.6 bzw. 3.3.7
[5] Je nach Beanspruchung festlegen
[6] Ausführung nach Überwachungsklasse 1 möglich, wenn der Baukörper nur zeitweilig aufstauendem Sickerwasser ausgesetzt ist und wenn in der Projektbeschreibung nichts anderes festgelegt ist.
[7] Für Bauteile in Küstennähe (salzhaltige Luft) gilt zusätzlich: Expositionsklasse XS1, Mindestdruckfestigkeits-klasse C30/37 bzw. C25/30(LP), Mindestbetondeckung 40 mm, Überwachungsklasse 2, WA (Anhang 4.13)
[8] Mindestdruckfestigkeitsklasse aus DIN 1045-2, Abs. 5.5.3
[9] Ein chemischer Angriff durch Sulfat ist in der Festlegung anzugeben, bei angreifenden Wässern in mg/l SO_4^{2-}.
[10] Siehe z.B. 3.2.7b, 3.2.10b, 3.2.12b und 3.2.13b
[11] Wenn neben der Expositionsklasse XC2 bzw. XD2 auch die Expositionsklasse XC1 bzw. XD1 zutreffend ist, sind in der Festlegung jeweils beide Expositionsklassen anzugeben.
[12] Für Tragwerke nach DIN 1045-1 gilt die Mindestdruckfestigkeitsklasse C12/15.

3.2 Wohnungsbau

		Karbonatisierung				Chlorid			Chlorid Meer			Frost		Frost Tau-mitt.		Chem. Angriff			Verschleiß			Mindestdruckfestigkeitsklasse	Betondeckung (s. Tab. 4.11) c_{min} [mm]	Überwachungsklasse ÜK[2]	Spezielle Hinweise, Regelwerke und Literatur
		XC[10]				XD			XS			XF		XF		XA[9]			XM						
	X0	1	2	3	4	1	2	3	1	2	3	1	3	2	4	1	2	3	1	2	3				
3.2.7	**Sohlplatten, im Erdreich unter GOK[4] bewehrt**																								
a)	ohne Frost	X																				C16/20	20	1	WF, Anhang 4.13
b)	ohne Frost, hoher Wassereindringwiderstand	X																				C25/30(LP)[8]	20	2[6]	WF, Anhang 4.13; –[3]; ggf. [15]
c)	ohne Frost, schwacher chemischer Angriff[5]	X													X							C25/30	20	2	Anhang 4.6; WF, Anhang 4.13; –[3]
d)	ohne Frost, mäßiger chemischer Angriff[5]	X														X						C35/45	20	2	Anhang 4.6; –[3]
e)	ohne Frost, starker chemischer Angriff[5]	X															X					C35/45	20	2	Anhang 4.6; –[3]; Oberflächenschutz od. Gutachten
3.2.8	**Wände unbewehrt**																								
a)	innen, ohne Frost	X																				C8/10[11]		1	WO, Anhang 4.13
b)	außen, Frost											X										C25/30		1	WF, Anhang 4.13
3.2.9	**Wände, Stützen, Decken, Balken, Treppen, Podeste bewehrt**																								
a)	innen, ohne Frost		X																			C16/20	10	1	WO, Anhang 4.13; $c_{min} \geq d_s$
b)	außen, Frost[7]			X								X										C25/30	25	1	WF, Anhang 4.13
c)	außen, Frost, im Tausalzsprühnebel			X X										X								C25/30(LP)	40	2	WA, Anhang 4.13
d)	außen, Frost, Tausalz			X					X					X								C30/37(LP)	40	2	WA, Anhang 4.13
3.2.10	**Kellerwände, im Erdreich unter GOK[4] unbewehrt**																								
a)	ohne Frost	X																				C8/10[11]		1	WF, Anhang 4.13
b)	ohne Frost, hoher Wassereindringwiderstand	X																				C25/30(LP)[8]		2[6]	WF, Anhang 4.13; ggf. [15]
c)	ohne Frost, schwacher chemischer Angriff[5]														X							C25/30		2	Anhang 4.6; WF, Anhang 4.13
d)	ohne Frost, mäßiger chemischer Angriff[5]															X						C35/45		2	Anhang 4.6; WF, Anhang 4.13
e)	ohne Frost, starker chemischer Angriff[5]																X					C35/45		2	Anhang 4.6; WF, Anhang 4.13; Oberflächenschutz od. Gutachten
3.2.11	**Kellerwände, im Erdreich unter GOK[4] bewehrt**																								
	ohne Frost		X																			C16/20	20	1	WF, Anhang 4.13

[2] Soweit nicht aufgrund anderer Randbedingungen eine andere Überwachungsklasse maßgebend ist
[3] Im Gültigkeitsbereich der Alkali-Richtlinie je nach Beanspruchung festlegen; siehe [14] und Anhang 4.13
[4] Weiße Wannen siehe Bauteilkatalog, Ziffer 3.3.6 bzw. 3.3.7
[5] Im Geltungsbereich der DAfStb-Richtlinie „Wasserundurchlässige Bauwerke aus Beton": Beton mit hohem Wassereindringwiderstand, [15] beachten.
[6] Ausführung nach Überwachungsklasse 1 möglich, wenn der Baukörper nur zeitweilig aufstauendem Sickerwasser ausgesetzt ist und wenn in der Projektbeschreibung nichts anderes festgelegt ist.
[7] Für Bauteile in Küstennähe (salzhaltige Luft) gilt zusätzlich: Expositionsklasse XS1, Mindestdruckfestigkeitsklasse C30/37 bzw. C25/30(LP), Mindestbetondeckung 40 mm, Überwachungsklasse 2, WA (Anhang 4.13)
[8] Mindestdruckfestigkeitsklasse aus DIN 1045-2, Abs. 5.5.3
[9] Ein chemischer Angriff durch Sulfat ist in der Festlegung anzugeben, bei angreifenden Wässern in mg/l SO_4^{2-}.
[10] Wenn neben der Expositionsklasse XC2 die Expositionsklasse XC1 ebenfalls zutreffend ist, sind in der Festlegung beide Expositionsklassen anzugeben.
[11] Für Tragwerke nach DIN 1045-1 gilt die Mindestdruckfestigkeitsklasse C12/15.

3.2 Wohnungsbau

		Karbonatisierung				Chlorid			Chlorid Meer			Frost		Frost Tau-mitt.		Chem. Angriff			Verschleiß			Mindestdruckfestigkeitsklasse	Betondeckung (s. Tab. 4.11) c_{min} [mm]	Überwachungsklasse ÜK[2]	Spezielle Hinweise, Regelwerke und Literatur
		XC[9]				XD			XS			XF		XF		XA[8]			XM						
	X0	1	2	3	4	1	2	3	1	2	3	1	3	2	4	1	2	3	1	2	3				
3.2.12	**Kellerwände, Sockel über GOK[4][7]** bewehrt																								
a)	außen, Frost			X								X										C25/30	25	1	WF, Anhang 4.13
b)	außen, Frost, Tausalzsprühnebel			X	X							X										C25/30(LP) C35/45	40	2	WA, Anhang 4.13
c)	außen, Frost, Tausalz			X			X							X								C30/37(LP)	40	2	WA, Anhang 4.13
3.2.13	**Garagen[7]** bewehrt																								
a)	freistehend, bewittert, Frost			X								X										C25/30	25	1	WF, Anhang 4.13
b)	freistehend, bewittert, Frost, Tausalzsprühnebel			X	X									X								C25/30(LP) C35/45	40	2	WA, Anhang 4.13
c)	Bodenplatte, Einzelgarage			X	X		X					X										C30/37	40	2	WA, Anhang 4.13
3.2.14	Tiefgaragen/Parkhäuser siehe Ziffer 3.3.8																								
3.2.15	Balkonplatten und -brüstungen[7]	siehe 3.2.9, Treppen außen																							
3.2.16	Attiken, Dachstreifen, usw.[7]	siehe 3.2.8 bzw. 3.2.9, Wände außen																							
3.2.17	**Außenwände hinter Wärmedämmverbundsystemen** bewehrt		X																			C20/25	20	1	WO, Anhang 4.13

[2] Soweit nicht aufgrund anderer Randbedingungen eine andere Überwachungsklasse maßgebend ist
[3] Im Gültigkeitsbereich der Alkali-Richtlinie je nach Beanspruchung festlegen; siehe [14] und Anhang 4.13
[4] Weiße Wannen siehe Bauteilkatalog, Ziffer 3.3.6 bzw. 3.3.7
[5] Im Geltungsbereich der DAfStb-Richtlinie „Wasserundurchlässige Bauwerke aus Beton": Beton mit hohem Wassereindringwiderstand, [15] beachten.
[6] Ausführung nach Überwachungsklasse 1 möglich, wenn der Baukörper nur zeitweilig aufstauendem Sickerwasser ausgesetzt ist und wenn in der Projektbeschreibung nichts anderes festgelegt ist.
[7] Für Bauteile in Küstennähe (salzhaltige Luft) gilt zusätzlich: Expositionsklasse XS1, Mindestdruckfestigkeitsklasse C30/37 bzw. C25/30(LP), Mindestbetondeckung 40 mm, Überwachungsklasse 2, WA (Anhang 4.13)
[8] Ein chemischer Angriff durch Sulfat ist in der Festlegung anzugeben, bei angreifenden Wässern in mg/l SO_4^{2-}.
[9] Wenn neben der Expositionsklasse XC2 die Expositionsklasse XC1 ebenfalls zutreffend ist, sind in der Festlegung beide Expositionsklassen anzugeben.
[11] Bei Möglichkeit hoher Durchfeuchtung bei Frost ist die Einstufung in die Expositionsklasse XF3 zu prüfen (horizontale Flächen).

3.3 Ingenieurbau

		Karbonatisierung				Chlorid XD[11]			Chlorid Meer XS			Frost XF				Frost Tau-mitt.	Chem. Angriff XA[5]			Verschleiß XM			Mindestdruckfestigkeitsklasse	Betondeckung (s. Tab. 4.11) c_{min} [mm]	Überwachungsklasse ÜK[2]	Spezielle Hinweise, Regelwerke und Literatur
		X0	XC 1	2	3	4	1	2	3	1	2	3	1	2	3	4	1	2	3	1	2	3				
3.3.1	**Brücken (Bauteile nach ZTV-ING siehe 3.3.2)**																										
a)	Gründungsbauteile, Fundamente									siehe 3.1																
b)	Widerlager[4] Frost	bewehrt				X							X											C25/30	25	1	WF, Anhang 4.13
c)	Widerlager (Straßenbrücke) Frost, Tausalzsprühnebel	bewehrt			X	X	X							X										C25/30(LP) C30/37[13] C35/45	40	2	WA, Anhang 4.13
d)	Pfeiler[4] Frost	bewehrt				X							X											C25/30	25	1	WF, Anhang 4.13
e)	Pfeiler (Straßenbrücke) Frost, Tausalzsprühnebel	bewehrt			X	X	X							X										C25/30(LP) C30/37[13] C35/45	40	2	WA, Anhang 4.13
f)	Überbau[4] Frost	bewehrt				X							X											C25/30	25	1	WF, Anh 4.13; Spannbeton ÜK2
g)	Überbau (Straßenbrücke) Frost, Tausalzsprühnebel	bewehrt			X	X	X							X										C25/30(LP) C30/37[13] C35/45	40	2	WA, Anhang 4.13
h)	Brückenkappen Frost, Tausalz	bewehrt			X	X			X						X									C30/37(LP)	40	2	WA, Anhang 4.13
3.3.2	**Brücken Bauteile nach ZTV-ING**																										
a)	Bohrpfähle mäßiger chemischer Angriff[6]	unbewehrt/bewehrt		X[9]																X				C30/37	–[7]	2	WA, Anhang 4.13, Anhang 4.14
b.1)	Widerlager, Stützen, Pfeiler nicht vorwiegend horizontale Betonflächen Frost, tausalzhaltiges Spritzwasser	bewehrt			X	X	X							X										C25/30(LP) C30/37	–[7]	2	WA, Anhang 4.13; die Rissbreitenbeschränkung ist mit den Mindestdruckfestigkeitswerten von Tab. F.2.1 und F.2.2 des DIN-Fachberichts 100 – Beton durchzuführen, Anhang 4.14
b.2)	Widerlager, Stützen, Pfeiler nicht vorwiegend horizontale Betonflächen Frost, tausalzhaltige Sprühnebel	bewehrt			X	X	X							X										C25/30(LP) C30/37	–[7]	2	
c)	Betonflächen[8], vorwiegend horizontal Frost, Tausalz	bewehrt			X	X			X						X									C25/30(LP) C30/37[10]	–[7]	2	
d)	Brückenkappen Frost, Tausalz	bewehrt			X	X			X						X									C25/30(LP)	–[7]	2	
e)	Bauteile, mäßig chemisch angreifende Umgebung	bewehrt			nach Umgebungsbedingungen													X						C30/37[10]	–[7]	2	WA, Anhang 4.13, Anhang 4.14
f)	Überbauten nicht vorwiegend horizontale Betonflächen Frost, tausalzhaltige Sprühnebel	bewehrt			X	X	X							X										C35/45	–[7]	2	WA, Anhang 4.13, Anhang 4.14

[2] Soweit nicht aufgrund anderer Randbedingungen eine andere Überwachungsklasse maßgebend ist
[4] Für Bauteile in Küstennähe (salzhaltige Luft) gilt zusätzlich: Expositionsklasse XS1, Mindestdruckfestigkeitsklasse C30/37 bzw. C25/30(LP), Mindestbetondeckung 40 mm, Überwachungsklasse 2, WA (Anhang 4.13)
[5] Ein chemischer Angriff durch Sulfat ist in der Festlegung anzugeben, bei angreifenden Wässern in mg/l SO_4^{2-}
[6] Bewehrte oder unbewehrte Bohrpfähle in chemisch schwach (XA1) oder chemisch stark (XA3) angreifender Umgebung sind nach DIN-Fachbericht 100 – Beton einzustufen
[7] Es gelten die Entwurfs- und Planungsvorgaben des BMVBW (z.B. DIN-Fachbericht 102 – Betonbrücken)
[8] gilt nicht für Brückenkappen
[9] Nur zutreffend bei bewehrten Pfählen
[10] Wenn nicht aufgrund anderer Anforderungen eine höhere Mindestdruckfestigkeitsklasse maßgebend ist
[11] Wenn neben der Expositionsklasse XD2 die Expositionsklasse XD1 ebenfalls zutreffend ist, sind in der Festlegung beide Expositionsklassen anzugeben.
[13] Bei Einsatz langsamer und sehr langsamer Betone (r ≤ 0,30)

3.3 Ingenieurbau

		Karbonati-sierung XC[10]				Chlorid XD			Chlorid Meer XS			Frost XF				Chem. Angriff XA[5]			Ver-schleiß XM			Mindest-druckfestig-keitsklasse	Beton-deckung (s. Tab. 4.11) c_{min} [mm]	Überwa-chungs-klasse ÜK[2]	Spezielle Hinweise, Regelwerke und Literatur
		1	2	3	4	1	2	3	1	2	3	1	2	3	4	1	2	3	1	2	3				
3.3.3	**Masten**																								
a)	**Mast**[4] Frost bewehrt				x							x										C25/30	25	1	WF, Anhang 4.13; Spannbeton ÜK2
b)	**Mast neben Verkehrsflächen** bewehrt			x	x	x																C25/30 C30/37[11] C35/45	40	2	WA, Anhang 4.13
	Frost, Tausalzsprühnebel												x												
3.3.4	**Schornsteine**[4]																								
a)	**Schornstein** Frost bewehrt				x							x										C25/30	25	1	WF, Anhang 4.13
b)	**Schornstein** Frost, schwacher chemischer Angriff bewehrt				x							x				x						C25/30	25	2	WF, Anhang 4.13
c)	**Schornstein** Frost, mäßiger chemischer Angriff bewehrt				x							x					x					C35/45	25	2	WF, Anhang 4.13
d)	**Schornstein** Frost, starker chemischer Angriff bewehrt				x							x						x				C35/45	25	2	WF, Anhang 4.13; Oberflächen-schutz od. Gutachten
3.3.5	**Kühltürme**[4]																								
a)	**Kühlturm** Frost bewehrt				x							x										C25/30	25	1	WF, Anhang 4.13
b)	**Kühlturm mit Rauchgas** Frost, starker chemischer Angriff bewehrt				x							x						x				C35/45	25	2	Oberflächenschutz oder Gutachten; –[3]
3.3.6	**Weiße Wanne, Bodenplatte/Außenwände**[8] bewehrt																								
a)	unter GOK, ohne Frost	x																				C25/30[9]	20	2[6]	WF, Anhang 4.13; [15];
b)	unter GOK, ohne Frost, schwacher chemischer Angriff	x														x						C25/30	20	2	w_κ besondere Anford.; [30]
c)	unter GOK, ohne Frost, mäßiger chemischer Angriff	x															x					C35/45	20	2	WF, Anhang 4.13; [15];
d)	unter GOK, ohne Frost, starker chemischer Angriff	x																x				C35/45	20	2	WF, Anhang 4.13; [15]; w_κ besondere Anford.; [30]; Oberflächenschutz od. Gutachten
3.3.7	**Weiße Wanne, Außenwände**[4)8)] bewehrt																								
a)	Frost				x							x										C25/30	25	2[6]	WF, Anhang 4.13; [15];
b)	Frost, schwacher chemischer Angriff				x							x				x						C25/30	25	2	w_κ besondere Anford.; [30]
c)	Frost, mäßiger chemischer Angriff				x							x					x					C35/45[10]	25	2	WF, Anhang 4.13; [15];
d)	Frost, starker chemischer Angriff				x							x						x				C35/45	25	2	WF, Anhang 4.13; [15]; w_κ besondere Anford.; [30]; Oberflächenschutz od. Gutachten

[2] Soweit nicht aufgrund anderer Randbedingungen eine andere Überwachungsklasse maßgebend ist
[3] Im Gültigkeitsbereich der Alkali-Richtlinie je nach Beanspruchung festlegen; Anhang 4.13
[4] Für Bauteile in Küstennähe (salzhaltige Luft) gilt zusätzlich: Expositionsklasse XS1, Mindestdruckfestigkeits- klasse C30/37 bzw. C25/30(LP), Mindestbetondeckung 40 mm, Überwachungsklasse 2, WA (Anhang 4.13)
[5] Ein chemischer Angriff durch Sulfat ist in der Festlegung anzugeben, bei angreifenden Wässern in mg/l SO_4^{2-}.
[6] Ausführung nach Überwachungsklasse 1 möglich, wenn der Baukörper nur zeitweilig aufstauendem Sickerwasser ausgesetzt ist und wenn in der Projektbeschreibung nichts anderes festgelegt ist.
[8] Im Geltungsbereich der DAfStb-Richtlinie „Wasserundurchlässige Bauwerke aus Beton": Beton mit hohem Wassereindringwiderstand. [15] beachten.
[9] Mindestdruckfestigkeitsklasse gemäß DIN 1045-2, Abs. 5.5.3
[10] Wenn neben der Expositionsklasse XC2 die Expositionsklasse XC1 ebenfalls zutreffend ist, sind in der Festlegung beide Expositionsklassen anzugeben.
[11] Bei Einsatz langsamer und sehr langsamer Beton (r ≤ 30)

3.3 Ingenieurbau

		Karbonati-sierung XC				Chlorid XD			Chlorid Meer XS			Frost XF		Frost Tau-mitt. XF		Chem. Angriff XA[8]			Ver-schleiß XM			Mindest-druckfestig-keitsklasse	Beton-deckung (s. Tab. 4.11) c_{min} [mm]	Überwa-chungs-klasse ÜK[2]	Spezielle Hinweise, Regelwerke und Literatur
		X0	1	2	3	4	1	2	3	1	2	3	1	3	2	4	1	2	3	1	2	3				
3.3.8	**Tiefgaragen/Parkhäuser**																									
a)	**Fahrbahndecke, offenes Parkdeck**[14] Frost, Tausalz	**bewehrt**			x				x							x					x		C30/37(LP)	40	2	WA, Anhang 4.13; zusätzl. Maß-nahmen gem. DIN 1045-1, Tab. 3[13]
b)	**Stütze, offenes Parkdeck** Frost, Tausalzsprühnebel	**bewehrt**			x	x	x								x								C25/30(LP) C35/45	40	2	WA, Anhang 4.13
c)	**Wand, offenes Parkdeck** Frost, Tausalzsprühnebel	**bewehrt**			x	x	x								x								C25/30(LP) C35/45	40	2	WA, Anhang 4.13
d)	**Schrammbord, offenes Parkdeck** Frost, Tausalz	**bewehrt**			x				x							x							C30/37(LP)	40	2	WA, Anhang 4.13
e)	**Fahrbahndecke, geschlossenes Parkdeck** Tausalz	**bewehrt**							x												x		C35/45	40	2	WA, Anhang 4.13; zusätzl. Maß-nahmen gem. DIN 1045-1, Tab. 3[13]
f)	**Stütze, geschlossenes Parkdeck** Tausalzsprühnebel	**bewehrt**			x		x																C30/37	40	2	WA, Anhang 4.13
g)	**Wand, geschlossenes Parkdeck** Tausalzsprühnebel	**bewehrt**			x		x																C30/37	40	2	WA, Anhang 4.13
h)	**Schrammbord, geschlossenes Parkdeck** Tausalz	**bewehrt**			x				x														C35/45	40	2	WA, Anhang 4.13

[2] Soweit nicht aufgrund anderer Randbedingungen eine andere Überwachungsklasse maßgebend ist.
[8] Ein chemischer Angriff durch Sulfat ist in der Festlegung anzugeben, bei angreifenden Wässern in mg/l SO_4^{2-}.
[13] Vgl. Berichtigung zu DIN 1045-1 (Juli 2002): z.B. rissüberbrückende Beschichtung.
[14] Alternative Planungsvariante enthält [34]

3.4 Industrie- und Verwaltungsbau

			Karbonatisierung				Chlorid			Chlorid Meer			Frost			Frost Tau-mitt.		Chem. Angriff			Verschleiß			Mindest-druckfestig-keitsklasse	Beton-deckung (s. Tab. 4.11) c_{min} [mm]	Überwa-chungs-klasse ÜK[2]	Spezielle Hinweise, Regelwerke und Literatur
		X0	XC[9]				XD			XS			XF			XF		XA			XM						
			1	2	3	4	1	2	3	1	2	3	1	2	3	2	4	1	2	3	1	2	3				
3.4.1	**Stützen, Balken, Unterzüge, Decken, Wände, Treppen** innen bewehrt	X																							C16/20	10	1	WO, Anhang 4.13; $c_{min} \geq d_s$
3.4.2	**Fassaden, Drempel, Stützen, Balken, Wände** bewehrt																											
a)	nicht direkt bewittert, mäßig feucht, Frost[7]			X									X											C25/30	20	1	WF, Anhang 4.13
b)	bewittert, Frost[7]				X								X											C25/30	25	1	WF, Anhang 4.13
3.4.3	**Vertikale Bauteile** bewehrt bewittert, Frost, Tausalzsprühnebel			X	X	X	X							X											C25/30(LP) C35/45	40	2	WA, Anhang 4.13
3.4.4	**Vertikale und überwiegend horizontale Bauteile** bewehrt bewittert, Frost, Tausalz, hohe Wassersättigung			X			X	X									X								C30/37(LP)	40[1]	2	WA, Anhang 4.13
3.4.5	**Bauteile aus Beton mit hohem Wassereindringwiderstand, unter GOK[4]** bewehrt																											
a)	ohne Frost			X																					C25/30[5]	25	2[6]	WF, Anhang 4.13; DIN 1045-2, Abs. 5.5.3 beachten; [15]
b)	Frost			X									X												C25/30	25	2[6]	WF, Anhang 4.13; DIN 1045-2, Abs. 5.5.3 beachten; [15]

[1] Je nach Beanspruchung zusätzliche Verschleißschicht; siehe [3], Tabelle 4 und Anhang 4.11
[2] Soweit nicht aufgrund anderer Randbedingungen eine andere Überwachungsklasse maßgebend ist
[4] Weiße Wannen siehe Bautelikatalog Ziffer 3.3.6 bzw. 3.3.7
[5] Mindestdruckfestigkeitsklasse aus DIN 1045-2, Abs. 5.5.3
[6] Ausführung nach Überwachungsklasse 1 möglich, wenn der Baukörper nur zeitweilig aufstauendem Sickerwasser ausgesetzt ist und wenn in der Projektbeschreibung nichts anderes festgelegt ist.
[7] Für Bauteile in Küstennähe (salzhaltige Luft) gilt zusätzlich: Expositionsklasse XS1, Mindestdruckfestigkeitsklasse C30/37 bzw. C25/30(LP), Mindestbetondeckung 40 mm, Überwachungsklasse 2, WA (Anhang 4.13)
[9] Wenn neben der Expositionsklasse XC2 die Expositionsklasse XC1 ebenfalls zutreffend ist, sind in der Festlegung beide Expositionsklassen anzugeben.

3.5 Umwelt- und Gewässerschutz

		Karbonatisierung				Chlorid XD[10]			Chlorid Meer XS			Frost XF				Chem. Angriff XA[9]			Verschleiß XM			Mindestdruckfestigkeitsklasse	Betondeckung (s. Tab. 4.11) c_{min} [mm]	Überwachungsklasse ÜK[2]	Spezielle Hinweise, Regelwerke und Literatur
		X0	XC[10]																					
			1	2	3	4	1	2	3	1	2	3	1	2	3	4	1	2	3	1	2	3			
3.5.1	**Abwasseranlagen**[6] bewehrt																								
a)	Gerinne (Zulauf), außen, Frost				X									X[14]			X			X[11]			C25/30(LP) C35/45[13]	–[1]	2	WA, Anhang 4.13; [11]; [13]
b)	Gerinne (Ablauf), außen, Frost				X									X[14]			X			X[11]			C25/30(LP) C35/45[13]	25	2	WA, Anhang 4.13; [11]; [13]
c)	Sandfang, außen, Frost				X									X[14]			X			X[11]			C25/30(LP) C35/45[13]	–[1]	2	WA, Anhang 4.13; [11]; [13]
d)	Offener Behälter: Sohlplatte, Wand ohne Frost, schwacher chemischer Angriff		X														X			X[12]			C25/30	20	2	WA, Anhang 4.13; [11]; [22]
e)	Offener Behälter: Wand[7] (Wasserwechselzone, ohne Frost) schwacher chemischer Angriff				X												X						C25/30	25	2	WA, Anhang 4.13; [11]; [22]
f)	Offener Behälter: Wand[7] (Wasserwechselzone, mit Frost) schwacher chemischer Angriff				X								X				X						C25/30(LP) C35/45[13]	25	2	WA, Anhang 4.13; bei angrenzendem Betriebsweg mit Tausalzsprühnebel XF2: [11]; [22]
g)	Regenüberlaufbecken (offen), außen, Frost				X									X[14]						X[12]			C25/30(LP) C35/45[13]	–[1]	2	WA, Anhang 4.13; [11]; [13]
3.5.2	**Abwasseranlagen**[6] bewehrt																								
a)	Räumerlaufbahn, innen, ohne Frost			X																	X		C30/37[5] C35/45[13]	–[1]	2	WF, Anhang 4.13; [11]; [22]
b)	Räumerlaufbahn, außen, Frost, Tausalz				X	X									X							X		C30/37(LP)[5]	–[1]	2	WA, Anhang 4.13; [11]; [22]
c)	Schlammeindicker (offen), außen, Frost				X								X				X			X[11]			C25/30	–[1]	2	WA, Anhang 4.13; [11]; [13]
d)	Faulbehälter, innen		X														X						C25/30	20	2	WA, Anhang 4.13; [11]; [13]
e)	Faulschlammspeicher, außen, Frost				X								X				X						C25/30	20	2	WA, Anhang 4.13; [11]; [13]
f)	Schlammlagerplätze (befahrbar), außen, Frost				X									X[14]						X[12]			C25/30(LP) C35/45[13]	–[1]	2	WA, Anhang 4.13; [11]; [13]
g)	Schönungsteiche (befahrbar), außen, ohne Frost		X																	X[12]			C25/30(LP) C30/37	20	2	WA, Anhang 4.13; [11]; [13]
3.5.3	**Abwasseranlagen**[6] bewehrt																								
	Gasraum geschlossener Behälter (nur bei biogenem Schwefelsäureangriff, sonst wie andere Festlegungen)																		X[15]				C35/45	–[1]	2	HS-Zement; Schutz des Betons erforderlich; WF, Anhang 4.13; [11]; [22]

[1] Je nach Beanspruchung unterschiedlich; siehe Anhang 4.11 und [3], Tabelle 4
[2] Soweit nicht aufgrund anderer Randbedingungen eine andere Überwachungsklasse maßgebend ist
[3] Mit Oberflächenbehandlung
[5] DAfStb-Richtlinie „Wasserundurchlässige Bauwerke aus Beton", [15] beachten
[6] Für Bauteile in Küstennähe (salzhaltige Luft) gilt zusätzlich: Expositionsklasse XS1, Mindestdruckfestigkeitsklasse C30/37 bzw. C25/30(LP), Mindestbetondeckung 40 mm, Überwachungsklasse 2, WA (Anhang 4.13)
[7] Ein chemischer Angriff durch Sulfat ist in der Festlegung anzugeben; bei angreifenden Wässern in mg/l SO_4^{2-}.
[9] Wenn neben der Expositionsklasse XC2 bzw. XD2 auch die Expositionsklasse XA3 zutreffend ist, sind in der Festlegung jeweils beide Expositionsklassen anzugeben.
[10] Bei Trennung von tragender (Beton) und abdichtender Funktion (Auskleidung) sowie vergleichbarer Nutzungsdauer von Beton und Auskleidung ist eine Abminderung der Expositionsklasse XA möglich. Sonst – auch bei Beschichtungen – ist XA3 erforderlich.
[11] Nur horizontale Flächen
[12] Bei horizontalen Flächen je nach Beanspruchung ggf. Einstufung in XM prüfen
[13] Bei massigen Bauteilen oder langsam/sehr langsam erhärtenden Betonen (r < 0,30) eine Festigkeitsklasse niedriger
[14] Wegen der besonderen Randbedingungen ggf. in Anlehnung an [24] Einstufung in XF1 (C25/30) prüfen; jedoch dann Klasse C30/37 bzw. C25/30 LP usw. beachten.
[15] Ein chemischer Angriff durch Sulfat ist in der Festlegung anzugeben; bei angreifenden Wässern in mg/l SO_4^{2-}.

3.5 Umwelt- und Gewässerschutz

		Karbonati-sierung				Chlorid			Chlorid Meer			Frost		Frost Tau-mitt.		Chem. Angriff			Ver-schleiß			Mindest-druckfestig-keitsklasse	Beton-deckung (s. Tab. 4.11) c_{min} [mm]	Überwa-chungs-klasse ÜK[2]	Spezielle Hinweise, Regelwerke und Literatur
		X0	XC				XD[8]			XS			XF				XA[7]			XM						
			1	2	3	4	1	2	3	1	2	3	1	3	2/4	1	2	3	1	2	3				
3.5.4	**Tankstellenabfüllplätze**																									
a)	Frost, Tausalz unbewehrt														X					X			C30/37(LP)		2	FD-, FDE-Beton[8]; WA, Anhang 4.13; [12]
b)	Frost, Tausalz bewehrt					X			X						X					X			C30/37(LP)	40	2	FD-, FDE-Beton[8]; WA, Anhang 4.13; [12]
3.5.5	**Auffangwannen/Ableitflächen**																									
a)	innen, nicht befahren unbewehrt																–[4]	–[4]	–[4]				30/37		2	FD-, FDE-Beton[8]; –[3]; [12]
b)	innen, nicht befahren bewehrt			X			–[4]	–[4]	–[4]								–[4]	–[4]	–[4]				30/37	–[1]	2	FD-, FDE-Beton[8]; –[3]; [12]
c)	innen, befahren, trocken unbewehrt																–[4]	–[4]	–[4]	–[4]	–[4]	–[4]	30/37		2	FD-, FDE-Beton[8]; –[3]; [12]
d)	innen, befahren, trocken bewehrt			X			–[4]	–[4]	–[4]								–[4]	–[4]	–[4]	–[4]	–[4]	–[4]	30/37	–[1]	2	FD-, FDE-Beton[8]; –[3]; [12]
3.5.6	**Auffangwannen/Ableitflächen**																									
a)	außen, nicht befahren, Frost (Bodenplatte, Wände) unbewehrt													X			–[4]	–[4]	–[4]				C30/37(LP) C35/45	ggf. –[4]	2	FD-, FDE-Beton[6]; –[3]; [12]
b)	außen, nicht befahren, Frost[5] (Bodenplatte, Wände) bewehrt				X		–[4]	–[4]	–[4]					X			–[4]	–[4]	–[4]				C30/37(LP) C35/45	–[1] ggf. –[4]	2	FD-, FDE-Beton[6]; –[3]; [12]
c)	außen, befahren, Frost, Tausalz unbewehrt															X		–[4]	–[4]	–[4]				C30/37(LP) ggf. –[4]		2	FD-, FDE-Beton[6]; [12]; WA, Anhang 4.13
d)	außen, befahren, Frost, Tausalz bewehrt				X				X						X		–[4]	–[4]	–[4]	–[4]	–[4]	–[4]	C30/37(LP) ggf. –[4]	–[1]	2	FD-, FDE-Beton[6]; [12]; WA, Anhang 4.13

[1] Je nach Beanspruchung unterschiedlich; siehe Anhang 4.11 und [3], Tabelle 4
[2] Soweit nicht aufgrund anderer Randbedingungen eine andere Überwachungsklasse maßgebend ist
[3] Im Gültigkeitsbereich der Alkali-Richtlinie je nach Beanspruchung festlegen; siehe Anhang 4.13
[4] Je nach zu lagerndem Stoff und/oder je nach Beanspruchung festlegen
[5] Für Bauteile in Küstennähe (salzhaltige Luft) gilt zusätzlich: Expositionsklasse XS1, Mindestdruckfestigkeitsklasse C30/37 bzw. C25/30(LP), Mindestbetondeckung 40 mm, Überwachungsklasse 2, WA (Anhang 4.13)
[6] Anforderungen an flüssigkeitsdichten Beton bzw. flüssigkeitsdichten Beton mit Eindringprüfung siehe [12]
[7] Ein chemischer Angriff durch Sulfat ist in der Festlegung anzugeben, bei angreifenden Wässern in mg/l SO_4^{2-}.
[8] Wenn neben der Expositionsklasse XD2 auch die Expositionsklasse XD1 zutreffend ist, sind in der Festlegung beide Expositionsklassen anzugeben.

3.6 Wasserbau

Bauteile im Süßwasser

			Karbonatisierung					Chlorid			Chlorid Meer			Frost	Frost Tau-mitt.				Chem. Angriff				Verschleiß			Mindestdruckfestigkeitsklasse	Betondeckung (s. Tab. 4.11) c_{min}[4] [mm]	Überwachungsklasse ÜK[2]	Spezielle Hinweise, Regelwerke und Literatur[11]
		X0	XC[7]				XD			XS			XF		XF				XA				XM						
		[5]	1	2	3	4	1	2	3	1	2	3	1	3	2	4		1	2	3		1	2	3				
3.6.1	Bauteile in Wildbächen **bewehrt**	a				X							X													C25/30	25	1	WF, Anhang 4.13; [20]
	Geschiebesperren, Stützwände	b				X								X										X		C30/37[10]	25	2	WF, Anhang 4.13; [20]; XM3 mit Verschleißschicht (ohne Hartstoffe)
		c	X																					X		C35/45	20	2	
3.6.2	Wehrpfeiler **bewehrt**	a				X							X													C25/30	25	1	
		b				X								X												C25/30(LP) C30/37[10] C35/45	25	2	WF, Anhang 4.13; [20]
		c	X																					X		C30/37	20	2	
3.6.3	Wehrrücken **bewehrt**	c	X																					X		C35/45	20	2	WF, Anhang 4.13; [20]
3.6.4	Wehrrücken ohne Stauklappe **bewehrt**	c			X								X											X		C35/45	25	2	WF, Anhang 4.13; [20]
3.6.5	Tosbecken **bewehrt**	c	X																						X	C35/45	25	2	WF, Anhang 4.13; [20]; XM3 mit Verschleißschicht (ohne Hartstoffe)
3.6.6	Schleusen-, Molenwände, Kaimauern **bewehrt**	a				X							X												X	C30/37	25	2	
		b			X									X										X		C25/30(LP) C30/37[10] C35/45	20	2	WF, Anhang 4.13; [20]
		c	X																					X		C30/37	20	2	
3.6.7	Schleusen-, Molen- und Wehrpfeilerplattformen, Kaimauerkronen Tausalz **bewehrt**	a				X			X						X									X		C30/37(LP)[9]	40	2	WA, Anhang 4.13; [20]
3.6.8	Befahrene Hafenflächen, Betonböden, außen, Tausalz; Einzellasten, Radlasten Q ≤ 80 kN andere Belastungen siehe 3.10.2 d) bis g) bzw. 3.10.4 a) u. b) **unbewehrt**	a						siehe 3.10.2 a-g und 3.10.4 a, b																					WA, Anhang 4.13; [17]; [20]; [21]; [28]; Biegezugfestigkeit ≥ 5,5 N/mm²

[2] Soweit nicht aufgrund anderer Randbedingungen eine andere Überwachungsklasse maßgebend ist
[4] Angaben gelten nicht für Bauteile nach ZTV-W, LB 215 „Wasserbauwerke aus Beton und Stahlbeton", nach ZTV-W, LB 215 gilt unabhängig von der Expositionsklasse c_{min} ≥ 50 mm
[5] **a - Sprühnebelbereich und Spritzwasserbereich, b - Wasserwechselzone, Gezeitenzone, c - Unterwasserbereich**

[7] Wenn neben der Expositionsklasse XC2 die Expositionsklasse XC1 ebenfalls zutreffend ist, sind in der Festlegung beide Expositionsklassen anzugeben.
[9] An Plattformen ist der Planiebeton auf ≤ 50 cm Betondicke zu beschränken (ZTV-W LB 215/2004)
[10] Bei Einsatz langsamer und sehr langsamer Betone (r ≤ 0,30)
[11] Im Geltungsbereich der ZTV-W LB 215/2004 ist grundsätzlich Beton mit hohem Wassereindringwiderstand zu verwenden.

3.6 Wasserbau
Bauteile im Meerwasser

			Karbonatisierung XC[8]				Chlorid XD			Chlorid Meer XS[8]			Frost XF				Frost Tau-mitt.		Chem. Angriff XA			Verschleiß XM			Mindest-druckfestigkeitsklasse	Betondeckung (s. Tab. 4.11) c_{min}[4] [mm]	Überwachungsklasse ÜK[2]	Spezielle Hinweise, Regelwerke und Literatur[11]
		X0	1	2	3	4	1	2	3	1	2	3	1	2	3	4			1	2	3	1	2	3				
		–[5]																										
3.6.10	**Sperrwerkpfeiler, Flügelwände** bewehrt																											
	a		x			x					x			x					x						C30/37(LP) / C35/45	40	2	WA, Anhang 4.13; [20]
	b					x					x				x				x			x			C30/37(LP)[6] / C35/45	40	2	
	c			x						x	x								x			x			C35/45 / C30/37[10]	40	2	
3.6.11	**Sperrwerksohle** bewehrt										x								x			x	x		C35/45 / C30/37[10]	40	2	WA, Anhang 4.13; [20] XM3 mit Verschleißschicht (ohne Hartstoffe)
3.6.12	**Schleusen-/Molenwände,** bewehrt																											
	a					x					x			x					x			x			C35/45 / C30/37(LP)	40	2	WA, Anhang 4.13; [20]
	b		x			x					x				x				x			x			C30/37(LP)[6] / C35/45	40	2	
	c		x							x	x								x			x			C30/37[10]	40	2	
3.6.13	**Schleusen- und Molenplattformen, Kaimauerkronen** Tausalz bewehrt					x			x						x				x			x			C30/37(LP)[6][9]	40	2	WA, Anhang 4.13; [20]
3.6.14	**Befahrene Hafenflächen, Betonböden** unbewehrt																											WA, Anhang 4.13; [17]; [20]; [21]; [28]; [32]; Biegezugfestigkeit ≥ 5,5 N/mm²
	außen, Tausalz; Einzellasten, Radlasten Q ≤ 80 kN andere Belastungen siehe 3.10.2 d) bis g) bzw. 3.10.4 a) u. b)	a							siehe 3.10.2 a-g und 3.10.4 a, b																			

[2] Soweit nicht aufgrund anderer Randbedingungen eine andere Überwachungsklasse maßgebend ist
[4] Angaben gelten nicht für Bauteile nach ZTV-W, LB 215 „Wasserbauwerke aus Beton und Stahlbeton", nach ZTV-W, LB 215 gilt unabhängig von der Expositionsklasse c_{min} ≥ 50 mm
[5] **a - Sprühnebel- u. Spritzwasserbereich, b - Wasserwechselzone, Gezeitenzone, c - Unterwasserbereich**
[6] Gemäß DIN 1045-2, Tabelle F 3.1 bis F 3.3 ist bei Verwendung von CEM III/B, w/z ≤ 0,45 und z ≥ 340 kg/m³, Mindestfestigkeitsklasse C35/45 ohne Luftporen möglich
[8] Wenn neben der Expositionsklasse XC2 bzw. XS2 auch die Expositionsklasse XC1 bzw. XS1 zutreffend ist, sind in der Festlegung jeweils beide Expositionsklassen anzugeben.
[9] An Plattformen ist der Planiebeton auf ≤ 50 cm Betondicke zu beschränken (ZTV-W LB 215/2004)
[10] Bei Einsatz langsamer und sehr langsamer Betone (r ≤ 0,30)
[11] Im Geltungsbereich der ZTV-W LB 215/2004 ist grundsätzlich Beton mit hohem Wassereindringwiderstand zu verwenden.

3.7 Verkehrswegebau[3]

			Karbonatisierung				Chlorid			Chlorid Meer			Frost		Frost Tau-mitt.		Chem. Angriff			Verschleiß			Mindestdruckfestigkeitsklasse	Betondeckung (s. Tab. 4.11) c_{min} [mm]	Überwachungsklasse ÜK[2]	Spezielle Hinweise, Regelwerke und Literatur
		X0	XC 1	2	3	4	XD 1	2	3	XS 1	2	3	XF 1	3	XF 2	4	XA 1	2	3	XM 1	2	3				
	Fahrbahnen und Verkehrsflächen																									
3.7.1	**Betonfahrbahnen Bauklasse SV, I – III** Frost, Tausalz	unbewehrt														x					x		C30/37(LP)			WA, Anhang 4.13; Ergänzungen gem. [17] (z.B. Biegezugfestigkeit) ARS 15/2005
3.7.2	**Betonfahrbahnen Bauklasse IV – VI** Frost, Tausalz	unbewehrt														x					x		C30/37(LP)			
3.7.3	**Rad- u. Gehwege** Frost, Tausalz	unbewehrt														x								C30/37(LP)			WA, Anhang 4.13; Ergänzungen gem. [17]; (z.B. Biegezugfestigkeit); ARS 15/2005
3.7.4	**Verkehrsflächen für Kettenfahrzeuge** Frost, Tausalz	unbewehrt														x							x	C30/37(LP)			WA, Anhang 4.13; ARS 15/2005
3.7.5	**Lärmschutzwände** Frost, Tausalz	bewehrt			x	x									x									C25/30(LP) C35/45	40	2	WF, Anhang 4.13; Ergänzungen gem. [17]
3.7.6	**Betonschutzwände** Frost, Tausalz	bewehrt				x			x							x								C30/37(LP)	40	1	WF, Anhang 4.13; RPS, DIN EN 1317
	Landwirtschaftliche Wege																										
3.7.7	**Hofbefestigungen** ohne Tausalz	unbewehrt												x										C25/30(LP) C35/45			WF, Anhang 4.13 ARS 15/2005
3.7.8	**Hofbefestigungen** Frost, Tausalz	unbewehrt														x								C30/37(LP)			WA, Anhang 4.13 ARS 15/2005
3.7.9	**Ländliche Wege** ohne Tausalz	unbewehrt												x										C25/30(LP)			WF, Anhang 4.13; [16]; Ergänzungen gem. [17]; [19]
	Sonstige Verkehrsflächen																										
3.7.10	**Flugbetriebsflächen** Frost, Taumittel	unbewehrt														x					x			C30/37(LP)			WF, Anhang 4.13; Ergänzungen gem. [17]; [31] ARS 15/2005
3.7.11	**Feste Fahrbahn für Schienenbahnen**[4][5] Frost	bewehrt				x								x										C25/30(LP) C35/45	25	2	WF, Anhang 4.13; Ergänzungen gem. [17]; [27] (nach [27] ist ein Straßenbeton wie in 3.7.1 zu verwenden); ARS 15/2005

[2] Soweit nicht aufgrund anderer Randbedingungen eine andere Überwachungsklasse maßgebend ist
[3] Mitgeltende Regelwerke sind zu beachten
[4] Für Bauteile in Küstennähe (salzhaltige Luft) gilt zusätzlich: Expositionsklasse XS1, Mindestdruckfestigkeitsklasse C30/37 bzw. C25/30(LP), Mindestbetondeckung 40 mm, Überwachungsklasse 2, WA (Anhang 4.13)
[5] In Einzelfällen können Tausalzbeaufschlagungen auftreten (z.B. Brücken), die zur Einstufung XF4 führen

3.8 Landwirtschaftliches Bauen

			Karbonatisierung				Chlorid			Chlorid Meer			Frost		Frost Tau-mitt.		Chem. Angriff			Verschleiß			Mindestdruckfestigkeitsklasse	Betondeckung (s. Tab. 4.11) c_{min} [mm]	Überwachungsklasse ÜK[2]	Spezielle Hinweise, Regelwerke und Literatur
		X0	XC 1	2	3	4	XD 1	2	3	XS 1	2	3	XF 1	3	2	4	XA 1	2	3	XM 1	2	3				
3.8.1	**Lagerböden**																									
a)	innen, ohne Einwirkung von Gülle, Silage, Dünger — unbewehrt																									
	mäßige Verschleißbeanspruchung																			x			C30/37			WO, Anhang 4.13
	starke Verschleißbeanspruchung																					x	C30/37[5] C35/45			
b)	innen, ohne Einwirkung von Gülle, Silage, Dünger — bewehrt		x																							Bei hoher Luftfeuchtigkeit oder ständigem Zugang von Außenluft Expositionsklasse XC3; $c_{min} \geq d_s$; WO, Anhang 4.13
	mäßige Verschleißbeanspruchung		x																	x			C30/37	10		
	starke Verschleißbeanspruchung		x																			x	C30/37[5] C35/45			
c)	im Freien, überdacht, ohne Einwirkung von Gülle, Silage, Dünger — unbewehrt																									
	mäßige Verschleißbeanspruchung												x							x			C30/37			WO, Anhang 4.13
	starke Verschleißbeanspruchung												x									x	C30/37[5] C35/45			
d)	im Freien, überdacht, ohne Einwirkung von Gülle, Silage, Dünger — bewehrt			x																						
	mäßige Verschleißbeanspruchung			x									x							x			C30/37	25		WO, Anhang 4.13
	starke Verschleißbeanspruchung			x									x									x	C30/37[5] C35/45			

[2] Soweit nicht aufgrund anderer Randbedingungen (z.B. tragendes Bauteil) eine Überwachungsklasse maßgebend ist
[5] Mit Oberflächenbehandlung

Im landwirtschaftlichen Bauen sind auch Bauteile aufgeführt, die nicht oder nur zum Teil nach DIN 1045, Teile 1 bis 4, bzw. DIN EN 206-1 zu beurteilen sind, weil
- die Bauteile nicht in den Anwendungsbereich dieser Normen fallen
- mitgeltende Produktnormen oder bau- und wasserrechtliche Ländervorschriften spezifische Anforderungen festlegen oder
- kürzere Nutzungsdauern zu Grunde gelegt werden.

Die Klasseneinstufungen der aufgeführten Bauteile erfolgen in diesem Sinne in Anlehnung an DIN 1045, Teile 1 bis 4, bzw. DIN EN 206-1. Die Hinweise und Anmerkungen enthalten zu berücksichtigende Abweichungen.

3.8 Landwirtschaftliches Bauen

		Karbonatisierung XC				Chlorid XD			Chlorid Meer XS			Frost XF		Frost Tau-mitt. XF		Chem. Angriff XA			Verschleiß XM			Mindestdruckfestigkeitsklasse	Betondeckung (s. Tab. 4.11) c_{min} [mm]	Überwachungsklasse ÜK[2]	Spezielle Hinweise, Regelwerke und Literatur
		X0	1	2	3	4	1	2	3	1	2	3	1	3	2	4	1	2	3	1	2	3				
3.8.2	**Stallböden**																									
a)	**Warmstall** innen, eingestreut unbewehrt																x									WA, Anhang 4.13; DIN 1045-2, Abs. 5.5.3 beachten
b)	**Warmstall** innen, eingestreut bewehrt				x												x						C25/30	20		WA, Anhang 4.13; DIN 1045-2, Abs. 5.5.3 beachten
c)	**Lauffläche, Entmistungsbahn mit Räumer** innen, nicht eingestreut unbewehrt																x			—[8]	—[8]	x	C35/45[6]			WA, Anhang 4.13; DIN 1045-2, Abs. 5.5.3 beachten
d)	**Lauffläche, Entmistungsbahn mit Räumer** innen, nicht eingestreut bewehrt				x												x			—[8]	—[8]	x	C35/45[6]	20		WA, Anhang 4.13; DIN 1045-2, Abs. 5.5.3 beachten
e)	**Kaltstall** im Freien, überdacht, eingestreut unbewehrt				x									x			x						C25/30			WA, Anhang 4.13; DIN 1045-2, Abs. 5.5.3 beachten
f)	**Kaltstall** im Freien, überdacht, eingestreut bewehrt				x									x			x						C25/30	20		WA, Anhang 4.13; DIN 1045-2, Abs. 5.5.3 beachten
g)	**Entmistungsbahn mit Räumer, Lauffläche** außen, nicht eingestreut unbewehrt														x			x		—[8]	—[8]	x	C30/37(LP) C35/45[6]			WA, Anhang 4.13; DIN 1045-2, Abs. 5.5.3 beachten
h)	**Entmistungsbahn mit Räumer, Lauffläche** außen, nicht eingestreut bewehrt					x									x			x		—[8]	—[8]	x	C30/37(LP) C35/45[6]	25		WA, Anhang 4.13; DIN 1045-2, Abs. 5.5.3 beachten
i)	**Futtertisch** innen, mit Einwirkung von Gärsäuren unbewehrt																		x		x	x	C35/45			WA, Anhang 4.13; DIN 1045-2, Abs. 5.5.3 beachten
j)	**Futtertisch** innen, mit Einwirkung von Gärsäuren bewehrt				x														x		x	x	C35/45	20		WA, Anhang 4.13; DIN 1045-2, Abs. 5.5.3 beachten
3.8.3	**Spaltenböden**																						Festlegungen siehe [10], [35]			

[2] Soweit nicht aufgrund anderer Randbedingungen (z.B. tragendes Bauteil) eine Überwachungsklasse maßgebend ist
[6] Hartstoffe nach DIN 1100
[7] Bei Einsatz von Spaltenbodenschiebern Expositionsklasse XM3
[8] In Einzelfällen (z.B. bei Räumern mit Kunststoffschiene) Expositionsklasse XM1 oder XM2 möglich

Im landwirtschaftlichen Bauen sind auch Bauteile aufgeführt, die nicht oder nur zum Teil nach DIN 1045, Teile 1 bis 4, bzw. DIN EN 206-1 zu beurteilen sind, weil
– die Bauteile nicht in den Anwendungsbereich dieser Normen fallen
– mitgeltende Produktnormen oder bau- und wasserrechtliche Ländervorschriften spezifische Anforderungen festlegen oder
– kürzere Nutzungsdauern zu Grunde gelegt werden.

Die Klasseneinstufungen der aufgeführten Bauteile erfolgen in diesem Sinne in Anlehnung an DIN 1045, Teile 1 bis 4, bzw. DIN EN 206-1. Die Hinweise und Anmerkungen enthalten zu berücksichtigende Abweichungen.

3.8 Landwirtschaftliches Bauen

		X0	Karbonatisierung XC[6]				Chlorid XD[6]			Chlorid Meer XS			Frost XF				Chem. Angriff XA			Verschleiß XM			Mindestdruckfestigkeitsklasse	Betondeckung (s. Tab. 4.11) c_{min} [mm]	Überwachungsklasse	Spezielle Hinweise, Regelwerke und Literatur
			1	2	3	4	1	2	3	1	2	3	1	2	3	4	1	2	3	1	2	3		ÜK[2]	
3.8.4	**Böden im Düngerlager**																									
a)	unbewehrt																–[4]	–[4]	–[4]	–[4]	–[4]	–[4]				–[3]; DIN 1045-2, Abs. 5.5.3 beachten
b)	bewehrt		x				–[4]	–[4]	–[4]								–[4]	–[4]	–[4]	–[4]	–[4]	–[4]	–[4]	–[1]		–[3]; DIN 1045-2, Abs. 5.5.3 beachten
3.8.5	**Güllekanäle, -keller** bewehrt			x		[8]											x							C25/30	25	2	WA, Anhang 4.13; [8]; [24]; Länderregelungen; DIN 1045-2, Abs. 5.5.3 beachten
3.8.6	**Güllehochbehälter**[7] bewehrt				x								x				x							C25/30(LP)	25	2	WA, Anhang 4.13; [8]; [24]; Länderregelungen;
	im Freien																							C35/45			DIN 1045-2, Abs. 5.5.3 beachten
3.8.7	**Verkehrsflächen (siehe 3.7.7 bis 3.7.9)**																										
3.8.8	**Eigenbedarftankstellen/ Waschplätze**																										
a)	im Freien unbewehrt												x								x			C25/30(LP)			WF, Anhang 4.13; Länderregelungen;
																								C35/45			DIN 1045-2, Abs. 5.5.3 beachten
b)	im Freien bewehrt				x								x								x			C25/30(LP)	25		WF, Anhang 4.13; Länderregelungen;
																								C35/45			DIN 1045-2, Abs. 5.5.3 beachten
c)	im Freien, Tausalz unbewehrt															x					x			C30/37(LP)			WA, Anhang 4.13; Länderregelungen; DIN 1045-2, Abs. 5.5.3 beachten
d)	im Freien, Tausalz bewehrt				x					x						x					x			C30/37(LP)	40		WA, Anhang 4.13; Länderregelungen; DIN 1045-2, Abs. 5.5.3 beachten

[1] Je nach Beanspruchung unterschiedlich; siehe Anhang 4.11 und [3], Tabelle 4
[2] Soweit nicht aufgrund anderer Randbedingungen (z.B. tragendes Bauteil) eine Überwachungsklasse maßgebend ist
[3] Im Gültigkeitsbereich der Alkali-Richtlinie je nach Beanspruchung festlegen; siehe Anhang 4.13 und [14]
[4] Je nach zu lagerndem Stoff und/oder je nach Beanspruchung festlegen
[5] Wenn neben der Expositionsklasse XC2 bzw. XD2 auch die Expositionsklasse XC1 bzw. XD1 zutreffend ist, sind in der Festlegung jeweils beide Expositionsklassen anzugeben.
[7] Im Einzelfall XF1 statt XF3 möglich [24], C25/30, c_{min} = 25 mm, ÜK1
[8] Für die Betondeckung auf der Innenseite von Güllebehältern und Gärfuttersilos gilt XC4 [8]

Im landwirtschaftlichen Bauen sind auch Bauteile aufgeführt, die nicht oder nur zum Teil nach DIN 1045, Teile 1 bis 4, bzw. DIN EN 206-1 zu beurteilen sind, weil
- die Bauteile nicht in den Anwendungsbereich dieser Normen fallen
- mitgeltende Produktnormen oder bau- und wasserrechtliche Ländervorschriften spezifische Anforderungen festlegen oder
- kürzere Nutzungsdauern zu Grunde gelegt werden.

Die Klasseneinstufungen der aufgeführten Bauteile erfolgen in diesem Sinne in Anlehnung an DIN 1045, Teile 1 bis 4, bzw. DIN EN 206-1. Die Hinweise und Anmerkungen enthalten zu berücksichtigende Abweichungen.

3.8 Landwirtschaftliches Bauen

		Karbonatisierung XC				Chlorid XD			Chlorid Meer XS			Frost XF		Frost Tau-mitt. XF		Chem. Angriff XA			Verschleiß XM			Mindestdruckfestigkeitsklasse	Betondeckung (s. Tab. 4.11) c_{min} [mm]	Überwachungsklasse ÜK[2]	Spezielle Hinweise, Regelwerke und Literatur
		X0	1	2	3	4	1	2	3	1	2	3	1	3	2	4	1	2	3	1	2	3				
3.8.9	**Kompostierungsanlagen (Boden)**																									
a)	innen, Sickerwasser unbewehrt																	X		-[4]	-[4]	-[4]	-[4]			WA, Anhang 4.13; DIN 1045-2, Abs. 5.5.3 beachten
b)	innen, Sickerwasser bewehrt			X					X									X		-[4]	-[4]	-[4]	-[4]	-[4]		WA, Anhang 4.13; DIN 1045-2, Abs. 5.5.3 beachten
c)	im Freien, Sickerwasser unbewehrt																	X		-[4]	-[4]	-[4]	-[4]			WA, Anhang 4.13; DIN 1045-2, Abs. 5.5.3 beachten
d)	im Freien, Sickerwasser bewehrt				X				X						X			X		-[4]	-[4]	-[4]	-[4]	-[4]		WA, Anhang 4.13; DIN 1045-2, Abs. 5.5.3 beachten
3.8.10	**Gärfutter(flach-) silos[5]**																									
a)	unbewehrt													X				X			X			C35/45 C30/37(LP)		2	WA, Anhang 4.13; [8]; [24]; Länderregelungen; DIN 1045-2, Abs. 5.5.3 beachten
b)	bewehrt				X									X				X			X			C35/45 C30/37(LP)	25	2	WA, Anhang 4.13; [8]; [24]; Länderregelungen; DIN 1045-2, Abs. 5.5.3 beachten
3.8.11	**Stallwände, -decken, -stützen, -balken**																									
a)	innen, trocken bewehrt	X																						C20/25	10	1	WO, Anhang 4.13, $c_{min} \geq d_s$
b)	innen oder überdacht, mit hoher Luftfeuchtigkeit bewehrt			X									X											C25/30	20	1	WF, Anhang 4.13
c)	im Freien bewehrt				X								X											C25/30	25	1	WF, Anhang 4.13
3.8.12	**Biogasfermenter, wärmegedämmt**																									
a)	flüssigkeitsberührter Bereich bewehrt			X														X						C25/30	25	2	WA, Anhang 4.13; [8]; [24]; Länderregelungen; DIN 1045-2, Abs. 5.5.3 beachten
b)	gasberührter Bereich mit Beschichtung[6] bewehrt			X															X					C35/45	25	2	WA, Anhang 4.13; [8]; [24]; Länderregelungen; DIN 1045-2, Abs. 5.5.3 beachten
c)	gasberührter Bereich mit Auskleidung[7] bewehrt				X														X					C25/30	20	2	WA, Anhang 4.13; [8]; [24]; Länderregelungen; DIN 1045-2, Abs. 5.5.3 beachten

[1] Je nach Beanspruchung unterschiedlich; siehe Anhang 4.11 und [3], Tabelle 4
[2] Soweit nicht aufgrund anderer Randbedingungen (z.B. tragendes Bauteil) eine bzw. eine andere Überwachungsklasse maßgebend ist
[3] Je nach zu lagerndem Stoff und/oder je nach Beanspruchung festlegen
[4] Beschichtung erforderlich; auf eine Beschichtung kann verzichtet werden, wenn die Expositionsklasse XF4 (statt XF3) gewählt wird
[5] Expositionsklasse XA im Einzelfall abminderbar, wenn kein Sauerstoffeintrag in den Gasraum erfolgt
[6] [7] Trennung von Trag- und Abdichtungsfunktion, vergleichbare Nutzungsdauer von Auskleidung und Betonbehälter

Im landwirtschaftlichen Bauen sind auch Bauteile aufgeführt, die nicht oder nur zum Teil nach DIN 1045, Teile 1 bis 4, bzw. DIN EN 206-1 zu beurteilen sind, weil
- die Bauteile nicht in den Anwendungsbereich dieser Normen fallen
- mitgeltende Produktnormen oder bau- und wasserrechtliche Ländervorschriften spezifische Anforderungen festlegen oder
- kürzere Nutzungsdauern zu Grunde gelegt werden.

Die Klasseneinstufungen der aufgeführten Bauteile erfolgen in diesem Sinne in Anlehnung an DIN 1045, Teile 1 bis 4, bzw. DIN EN 206-1. Die Hinweise und Anmerkungen enthalten zu berücksichtigende Abweichungen.

3.9 Besondere Bauweisen

		Karbonati-sierung				Chlorid			Chlorid Meer			Frost			Frost Tau-mitt.				Chem. Angriff[4]			Ver-schleiß			Mindest-druckfestig-keitsklasse	Beton-deckung (s. Tab. 4.11) c_{min} [mm]	Überwa-chungs-klasse ÜK[2]	Spezielle Hinweise, Regelwerke und Literatur
	X0	XC[5]				XD			XS			XF			XF				XA[4]			XM						
		1	2	3	4	1	2	3	1	2	3	1	2	3	1	2	3	4	1	2	3	1	2	3				
3.9.1 Sichtbeton[3]		\multicolumn{21}{l	}{Für Sichtbeton gelten die normgemäß festzulegenden Expositionsklassen}	i. d. R. C30/37			Merkblatt Sichtbeton des BDZ/DBV: Erhöhung der Betondeckung um 5 mm empfohlen; innen: WO, Anhang 4.13 außen: WF, Anhang 4.13
3.9.2 Dreifachwand Ortbetonfüllung		\multicolumn{21}{l	}{Die Ortbetonfüllung kann nach den gleichen Anforderungen zusammengesetzt werden wie der Beton einer vergleichbaren Ortbetonwand.}				innen: WO, Anhang 4.13 außen: WF, Anhang 4.13
3.9.3 Stahlbetonbauteile unter Wärmedämmverbundsystemen (Außendämmung) Wände, Unterzüge, Ringanker, Massivdächer — unbewehrt	X																								C8/10[6]		1	WO, Anhang 4.13; $c_{min} \geq d_s$
— bewehrt		X																							C16/20	10	1	

[2] Soweit nicht aufgrund anderer Randbedingungen eine andere Überwachungsklasse maßgebend ist
[3] Für bewehrte Bauteile, die salzhaltiger Luft ausgesetzt sind, gilt: Expositionsklasse XS1, Mindestdruckfestigkeitsklasse C30/37 bzw. C25/30(LP), Mindestbetondeckung 40 mm, Überwachungsklasse 2, Feuchtigkeitsklasse WA (Anhang 4.13)
[4] Ein chemischer Angriff durch Sulfat ist in der Festlegung anzugeben, bei angreifenden Wässern in mg/l SO_4^{2-}.
[5] Wenn neben der Expositionsklasse XC2 die Expositionsklasse XC1 ebenfalls zutreffend ist, sind in der Festlegung beide Expositionsklassen anzugeben.
[6] Für Tragwerke nach DIN 1045-1 gilt die Mindestdruckfestigkeitsklasse C12/15.

3.10 Industrieböden

		Karbonatisierung XC				Chlorid XD			Chlorid Meer XS			Frost XF				Chem. Angriff XA			Verschleiß XM			Mindestdruckfestigkeitsklasse	Betondeckung (s. Tab. 4.11) c_{min} [mm]	Überwachungsklasse ÜK[2]	Spezielle Hinweise, Regelwerke und Literatur
		X0	1	2	3	4	1	2	3	1	2	3	1	2	3	4	1	2	3	1	2	3				
3.10.1	**Betonböden in Hallen** unbewehrt																									
a)	Einzellasten, Radlasten Q ≤ 20 kN	X																					C25/30[4]			Biegezugfestigkeit ≥ 4,5 N/mm²; [9]; [17]; [21]; [25]; [28]; –[3]
b)	Einzellasten, Radlasten Q ≤ 40 kN	X																					C30/37[4]			Biegezugfestigkeit ≥ 5,0 N/mm² [9]; [17]; [21]; [25]; [28]; –[3]
c)	Einzellasten, Radlasten Q ≤ 80 kN	X																					C30/37[4]			Biegezugfestigkeit ≥ 5,5 N/mm² [9]; [17]; [21]; [25]; [28]; –[3]
d)	Einzellasten, Radlasten Q ≤ 150 kN	X																					C35/45[5]			Biegezugfestigkeit ≥ 6,0 N/mm² [9]; [17]; [21]; [25]; [28]; –[3]
e)	mäßige Verschleißbeanspruchung luftbereifte Fahrzeuge; Reifendruck ≤ 6 bar																			X			C30/37			Gesteinskörnungen mit hohem Verschleißwiderstand [17]; [21]; [25]; [28]; –[3]
f)	starke Verschleißbeanspruchung luftbereifte Gabelstapler Reifendruck > 6 bar oder vollgummibereifte Gabelstapler Kontaktpressung p ≤ 2 N/mm²																					X		C35/45[6] C30/37[6]			Gesteinskörnungen mit hohem Verschleißwiderstand [9]; [17]; [21]; [25]; [28]; –[3]
g)	sehr starke Verschleißbeanspruchung elastomerbereifte Gabelstapler Kontaktpressung p ≤ 4 N/mm²																						X	C30/37			Hartstoffe nach DIN 1100; [9]; [17]; [21]; [25]; [28]; –[3]

[2] Soweit nicht aufgrund anderer Randbedingungen eine Überwachungsklasse maßgebend ist
[3] Im Gültigkeitsbereich der Alkali-Richtlinie je nach Beanspruchung festlegen, siehe [14] und Anhang 4.13
[4] Aus Punktlast sowie aus Biegezugfestigkeit
[5] Aus Punktlast sowie aus Biegezugfestigkeit, Gesteinskörnung mit hohem Verschleißwiderstand oder Nutzschicht aus Hartstoffen nach DIN 1100
[6] Ohne Oberflächenbehandlung C35/45, mit Oberflächenbehandlung C30/37 (z.B. Vakuumieren und Flügelglätten)

Betonböden, die nicht tragend oder aussteifend wirken, fallen nicht in den Geltungsbereich von DIN EN 206-1 bzw. DIN 1045-2. Sie werden jedoch üblicherweise nach diesen Normvorgaben geplant und ausgeführt.

Die Klasseneinstufungen der aufgeführten Bauteile erfolgen in diesem Sinne in enger Anlehnung an DIN 1045, Teile 1 bis 3, bzw. DIN EN 206-1.

3.10 Industrieböden

			Karbonatisierung XC				Chlorid XD			Chlorid Meer XS			Frost XF		Frost Tau-mitt. XF		Chem. Angriff XA			Verschleiß XM			Mindest-druckfestig-keitsklasse	Beton-deckung (s. Tab. 4.11) c_{min} [mm]	Überwa-chungs-klasse ÜK[2]	Spezielle Hinweise, Regelwerke und Literatur
		X0	1	2	3	4	1	2	3	1	2	3	1	3	2	4	1	2	3	1	2	3				
3.10.2	**Betonböden im Freien** unbewehrt																									
a)	Einzellasten, Radlasten Q ≤ 20 kN														x								**C30/37(LP)**			Biegezugfestigkeit ≥ 4,5 N/mm²; WA, Anhang 4.13; [9]; [17]; [21]; [25]; [28]
b)	Einzellasten, Radlasten Q ≤ 40 kN														x								**C30/37(LP)**			Biegezugfestigkeit ≥ 5,0 N/mm²; WA, Anhang 4.13; [9]; [17]; [21]; [25]; [28]
c)	Einzellasten, Radlasten Q ≤ 80 kN														x								**C30/37(LP)**			Biegezugfestigkeit ≥ 5,5 N/mm²; WA, Anhang 4.13; [9]; [17]; [21]; [25]; [28]
d)	Einzellasten, Radlasten Q ≤ 150 kN														x								**C35/45(LP)**[4]			Biegezugfestigkeit ≥ 6,0 N/mm²; WA, Anhang 4.13; [9]; [17]; [21]; [25]; [28]
e)	mäßige Verschleißbeanspruchung luftbereifte Fahrzeuge; Reifendruck ≤ 6 bar														x						x		**C30/37(LP)**			Gesteinskörnungen mit hohem Verschleißwiderstand WA, Anh. 4.13; [9]; [17]; [21]; [25]; [28]
f)	starke Verschleißbeanspruchung luftbereifte Gabelstapler Reifendruck > 6 bar oder vollgummibereifte Gabelstapler Kontaktpressung p ≤ 2 N/mm²														x							x	**C30/37(LP)**[5]			Gesteinskörnungen mit hohem Verschleißwiderstand WA, Anhang 4.13; [9]; [17]; [21]; [25]; [28]
g)	sehr starke Verschleißbeanspruchung elastomerbereifte Gabelstapler Kontaktpressung p ≤ 4 N/mm²														x								x	**C30/37(LP)**			Hartstoffe nach DIN 1100; WA, Anhang 4.13; [9]; [17]; [21]; [25]; [28]

[2] Soweit nicht aufgrund anderer Randbedingungen eine Überwachungsklasse maßgebend ist
[4] Aus Punktlast sowie aus Biegezugfestigkeit, Gesteinskörnung mit hohem Verschleißwiderstand oder Nutzschicht aus Hartstoffen nach DIN 1100
[5] Mit Oberflächenbehandlung des Betons C25/30(LP) zulässig.

Betonböden, die nicht tragend oder aussteifend wirken, fallen nicht in den Geltungsbereich von DIN EN 206-1 bzw. DIN 1045-2. Sie werden jedoch üblicherweise nach diesen Normvorgaben geplant und ausgeführt.

Die Klasseneinstufungen der aufgeführten Bauteile erfolgen in diesem Sinne in enger Anlehnung an DIN 1045, Teile 1 bis 3, bzw. DIN EN 206-1.

3.10 Industrieböden

		Karbonatisierung				Chlorid XD			Chlorid Meer XS			Frost XF		Frost Tau-mitt. XF		Chem. Angriff XA			Verschleiß XM			Mindest-druckfestig-keitsklasse	Beton-deckung (s. Tab. 4.11) c_{min} [mm]	Überwa-chungs-klasse ÜK[2]	Spezielle Hinweise, Regelwerke und Literatur
		X0	XC[7] 1	2	3	4	1	2	3	1	2	3	1	3	2	4	1	2	3	1	2	3				
3.10.3	**Betonböden in Hallen**[6] bewehrt																									
a)	Einzellasten, Radlasten Q > 150 kN, Kontaktpressung p > 4 N/mm² aber Kontaktpressung p < 7 N/mm²		X																				– [5]	– [1]		Druckfestigkeitsklasse und max. Rissbreite auf die Nutzung abstimmen; Bemessung nach Zustand II; [9]; [17]; [21]; [25]; –[3]
b)	bei zusätzlicher Verschleißbeanspruchung						wie 3.10.1 - e) bis 3.10.1 - g)																			
3.10.4	**Betonböden im Freien**[4] bewehrt																									
a)	Einzellasten, Radlasten Q > 150 kN, Kontaktpressung p > 4 N/mm² aber Kontaktpressung p < 7 N/mm²				X			X							X								C30/37(LP)[5]	40 [1)2)]		Max. Rissbreite auf die Nutzung abstimmen; WA, Anhang 4.13; Bemessung nach Zustand II; [9]; [17]; [21]; [25]
b)	bei zusätzlicher Verschleißbeanspruchung						wie 3.10.2 - e) bis 3.10.2 - g)																			

[1] Je nach Beanspruchung zusätzliche Verschleißschicht; siehe [3], Tabelle 4 und Anhang 4.11
[2] Soweit nicht aufgrund anderer Randbedingungen eine Überwachungsklasse maßgebend ist
[3] Im Gültigkeitsbereich der Alkali-Richtlinie je nach Beanspruchung festlegen; siehe [14] und Anhang 4.13
[4] Für Bauteile in Küstennähe (salzhaltige Luft) gilt zusätzlich: Expositionsklasse XS1, Mindestdruckfestigkeitsklasse C30/37 bzw. C25/30(LP), Mindestbetondeckung 40 mm, WA (Anhang 4.13)
[5] Druckfestigkeit nach Bemessung
[6] Betonböden in offenen Hallen sind in die Expositionsklasse XC3 einzustufen.
[7] Wenn neben der Expositionsklasse XC2 die Expositionsklasse XC1 ebentalls zutreffend ist, sind in der Festlegung beide Expositionsklassen anzugeben.

Betonböden, die nicht tragend oder aussteifend wirken, fallen nicht in den Geltungsbereich von DIN EN 206-1 bzw. DIN 1045-2. Sie werden jedoch üblicherweise nach diesen Normvorgaben geplant und ausgeführt.

Die Klasseneinstufungen der aufgeführten Bauteile erfolgen in diesem Sinne in enger Anlehnung an DIN 1045, Teile 1 bis 3, bzw. DIN EN 206-1.

Anhang 4

4.1	Begriffe	29
4.2	Zemente – Arten und Zusammensetzung nach DIN EN 197-1, DIN EN 197-4 bzw. für Sonderzemente nach DIN EN 14216	30
4.3	Anwendungsbereiche von Zementen (Teil 1) nach DIN EN 197-1, DIN EN 197-4, DIN 1164 bzw. von Sonderzementen nach DIN EN 14216	31
4.4	Anwendungsbereiche von Zementen (Teil 2) nach DIN EN 197-1 und DIN 1164	32
4.5	Druckfestigkeitsklassen von Normal- und Schwerbeton	33
4.6	Grenzwerte für die Expositionsklassen bei chemischem Angriff durch Grundwasser	33
4.7	Grenzwerte für Zusammensetzung und Eigenschaften von Beton – Teil 1	34
4.8	Grenzwerte für Zusammensetzung und Eigenschaften von Beton – Teil 2	34
4.9	Überwachungsklassen für Beton	35
4.10	Expositionsklassengruppen	35
4.11	Betondeckung der Bewehrung für Betonstahl in Abhängigkeit von der Expositionsklasse	36
4.12	Anforderungen an die Begrenzung der Rissbreite	36
4.13	Hinweise zur Einstufung von Betonbauteilen in Alkali-Feuchtigkeitsklassen	37
4.14	Erläuterungen zur ZTV-ING	39

4.1 Begriffe	
Festlegung	Endgültige Zusammenstellung dokumentierter technischer Anforderungen, die dem Hersteller als Leistung oder Zusammensetzung vorgegeben werden
Verfasser der Festlegungen	Person oder Stelle, die die Festlegung für den Frisch- und Festbeton aufstellt
Hersteller	Person oder Stelle, die den Frischbeton herstellt
Verwender	Person oder Stelle, die den Frischbeton zur Herstellung eines Bauwerks oder eines Bauteils verwendet
Expositionsklasse	Klassifizierung der chemischen und physikalischen Umgebungsbedingungen, denen der Beton ausgesetzt werden kann und die auf den Beton, die Bewehrung oder metallische Bauteile einwirken können und die nicht als Lastannahmen in die Tragwerksplanung eingehen
Überwachungsklasse des Betons	Einteilung des Betons in Klassen nach Festigkeit, Umweltbedingungen und besonderen Eigenschaften mit unterschiedlichen Anforderungen an die Überwachung.

4.2 Zemente – Arten und Zusammensetzung nach DIN EN 197-1, DIN EN 197-4 bzw. für Sonderzemente nach DIN EN 14216

Hauptzementarten	Bezeichnung (Zementarten)	Kurzzeichen	Hauptbestandteile in M.-% [1)2)]									
			Portlandzementklinker	Hüttensand	Silikastaub	Puzzolane		Flugasche		gebrannter Schiefer	Kalkstein [5)]	
						natürlich	natürlich getempert	kieselsäurereich	kalkreich			
			K	S	D [3)]	P	Q [4)]	V	W	T	L	LL
CEM I	Portlandzement	CEM I	95...100	–	–	–	–	–	–	–	–	–
CEM II	Portlandhüttenzement	CEM II/A-S	80...94	6...20	–	–	–	–	–	–	–	–
		CEM II/B-S	65...79	21...35	–	–	–	–	–	–	–	–
	Portlandsilikastaubzement	CEM II/A-D	90...94	–	6...10	–	–	–	–	–	–	–
	Portlandpuzzolanzement	CEM II/A-P	80...94	–	–	6...20	–	–	–	–	–	–
		CEM II/B-P	65...79	–	–	21...35	–	–	–	–	–	–
		CEM II/A-Q	80...94	–	–	–	6...20	–	–	–	–	–
		CEM II/B-Q	65...79	–	–	–	21...35	–	–	–	–	–
	Portlandflugaschezement	CEM II/A-V	80...94	–	–	–	–	6...20	–	–	–	–
		CEM II/B-V	65...79	–	–	–	–	21...35	–	–	–	–
		CEM II/A-W	80...94	–	–	–	–	–	6...20	–	–	–
		CEM II/B-W	65...79	–	–	–	–	–	21...35	–	–	–
	Portlandschieferzement	CEM II/A-T	80...94	–	–	–	–	–	–	6...20	–	–
		CEM II/B-T	65...79	–	–	–	–	–	–	21...35	–	–
	Portlandkalksteinzement	CEM II/A-L	80...94	–	–	–	–	–	–	–	6...20	–
		CEM II/B-L	65...79	–	–	–	–	–	–	–	21...35	–
		CEM II/A-LL	80...94	–	–	–	–	–	–	–	–	6...20
		CEM II/B-LL	65...79	–	–	–	–	–	–	–	–	21...35
	Portlandkompositzement [6)]	CEM II/A-M	80...94									
		CEM II/B-M	65...79									
CEM III bzw. VLH III	Hochofenzement	CEM III/A	35...64	36...65	–	–	–	–	–	–	–	–
		CEM III/B / VLH III/B	20...34	66...80	–	–	–	–	–	–	–	–
		CEM III/C / VLH III/C	5...19	81...95	–	–	–	–	–	–	–	–
CEM IV bzw. VLH IV	Puzzolanzement [6)]	CEM IV/A / VLH IV/A	65...89	–	11...35 (kombiniert D+P+Q+V)					–	–	–
		CEM IV/B / VLH IV/B	45...64	–	36...55 (kombiniert D+P+Q+V)					–	–	–
CEM V bzw. VLH V	Kompositzement [6)]	CEM V/A / VLH V/A	40...64	18...30	–	18...30 (kombiniert P+Q+V)			–	–	–	–
		CEM V/B / VLH V/B	20...38	31...50	–	31...50 (kombiniert P+Q+V)			–	–	–	–

[1)] Angegebene Werte beziehen sich auf die Summe der Haupt- und Nebenbestandteile (ohne Calciumsulfat und Zementzusätze).
[2)] Zusätzlich Nebenbestandteile bis 5 M.-% möglich, z.B. ein (bzw. mehrere) Hauptbestandteil(e), soweit nicht Hauptbestandteile des Zements.
[3)] Der Anteil von Silikastaub ist auf 10 M.-% begrenzt.
[4)] Z.B. Phonolith
[5)] Gesamtgehalt an organischem Kohlenstoff (TOC) ≤ 0,50 M.-% (L) bzw. ≤ 0,20 M.-% (LL)
[6)] In den Zementen CEM II/A-M, CEM II/B-M, CEM IV und CEM V entsprechende Bestandteile neben Portlandzementklinker angeben, z.B. CEM II/A-M (S-V-L) 32,5 R. Analoge Angaben bei Sonderzementen VLH erforderlich.

4.3 Anwendungsbereiche von Zementen (Teil 1) nach DIN EN 197-1, DIN EN 197-4, DIN 1164 bzw. von Sonderzementen nach DIN EN 14216 gemäß [4]

Expositionsklassen[1]:
- ▓ = gültiger Anwendungsbereich
- ░ = Anwendung ausgeschlossen bzw. nur durch allgemeine bauaufsichtliche Zulassung möglich

Expositionsklassen[1]		kein Korrosions- oder Angriffsrisiko	Bewehrungskorrosion									Betonangriff					Spannstahl-verträglichkeit
			durch Karbonatisierung verursachte Korrosion			durch Chloride verursachte Korrosion						Frostangriff				aggressive chemische Umgebung	Verschleiß	
						andere Cloride als Meerwasser			Cloride aus Meerwasser									
		X0	XC1	XC2	XC3, XC4	XD1	XD2	XD3	XS1	XS2	XS3	XF1	XF2	XF3	XF4	XA1, XA2[2], XA3[2]	XM1, XM2, XM3	
CEM I																			
CEM II	A/B S																		
	A D																		[3]
	A/B P/Q																		
	A V																		
	B V																		
	A W																		
	B W																		
	A/B T																		
	A LL																		
	B LL																		
	A L																		
	B L																		
	A M[4]																		
	B M[4]																		
CEM III	A															[5]			
	B															[6]			
	C (auch VLH III/B u. C)																		
CEM IV[4]	A (auch VLH IV/A)																		
	B (auch VLH IV/B)																		
CEM V[4]	A (auch VLH V/A)																		
	B (auch VLH V/B)																		

[1] Expositionsklassen siehe Seiten 4 und 5.
[2] Bei chemischem Angriff durch Sulfat (ausgenommen bei Meerwasser) muss bei den Expositionsklassen XA2 und XA3 Zement mit hohem Sulfatwiderstand (HS-Zement) verwendet werden. Bei einem Sulfatgehalt des angreifenden Wassers von SO_4^{2-} ≤ 1500 mg/l darf anstelle von HS-Zement eine Mischung von Zement und Flugasche verwendet werden.
[3] Silikastaub nach Zulassungsrichtlinien DIBt bzgl. Gehalt an elementarem Silicium (Si)
[4] Spezielle Kombinationen können günstiger sein. Für CEM-II-M-, CEM-IV- und CEM-V-Zemente mit zwei bzw. drei Hauptbestandteilen siehe nachfolgende Tafel.
[5] Festigkeitsklasse ≥ 42,5 oder Festigkeitsklasse ≥ 32,5 R mit einem Hüttensandanteil ≤ 50 M.-%
[6] CEM III/B darf nur für die folgenden Anwendungsfälle verwendet werden (auf Luftporen kann in beiden Fällen verzichtet werden):
  a) Meerwasserbauteile: w/z ≤ 0,45; Mindestfestigkeitsklasse C35/45 und z ≥ 340 kg/m³
  b) Räumerlaufbahnen: w/z ≤ 0,35; Mindestfestigkeitsklasse C40/50 und z ≥ 360 kg/m³;
  Beachtung von DIN 19569-1, Kläranlagen – Baugrundsätze für Bauwerke und technische Ausrüstungen. Allgemeine Grundsätze.

4.4 Anwendungsbereiche von Zementen (Teil 2) nach DIN EN 197-1 und DIN 1164 gemäß [4]

Expositionsklassen[1]

- ▓ = gültiger Anwendungsbereich
- ░ = Anwendung ausgeschlossen bzw. nur durch allgemeine bauaufsichtliche Zulassung möglich

Zement			kein Korrosions- oder Angriffsrisiko	Bewehrungskorrosion				Betonkorrosion						Verschleiß		Spannstahl-verträglichkeit
				durch Karbonatisierung verursachte Korrosion		durch Chloride verursachte Korrosion		Frostangriff				aggressive chemische Umgebung				
						andere Cloride als Meerwasser	Cloride aus Meerwasser									
			X0	XC1, XC2	XC3, XC4	XD1, XD2, XD3	XS1, XS2, XS3	XF1	XF2	XF3	XF4	XA1, XA2[2], XA3[2]		XM1	XM2, XM3	
CEM II	A		S-D; S-T; S-LL; D-T; D-LL; T-LL														[3]
			S-P; S-V; D-P; D-V; P-V; P-T; P-LL; V-T; V-LL														[3] [4]
	M		S-D; S-T; D-T														[3]
			S-P; D-P; P-T														[3] [4]
	B		S-V; D-V; P-V; V-T														[3] [4]
			S-LL; D-LL; P-LL; V-LL; T-LL														[3] [4]
CEM IV	B		P[5]														
CEM V	A		S-P[6]														
	B																

[1] Expositionsklassen siehe Seiten 4 und 5.
[2] Bei chemischem Angriff durch Sulfat (ausgenommen bei Meerwasser) muss bei den Expositionsklassen XA2 und XA3 Zement mit hohem Sulfatwiderstand (HS-Zement) verwendet werden. Bei einem Sulfatgehalt des angreifenden Wassers von SO_4^{2-} ≤ 1500 mg/l darf anstelle von HS-Zement eine Mischung von Zement und Flugasche verwendet werden.
[3] Silikastaub nach Zulassungsrichtlinien DIBt bzgl. Gehalt an elementarem Silicium (Si)
[4] Zemente, die natürliche Puzzolane (P) enthalten, sind ausgeschlossen
[5] Gilt nur für Trass nach DIN 51043 als Hauptbestandteil bis max. 40 M.-%
[6] Gilt nur für Trass nach DIN 51043 als Hauptbestandteil

4.5 Druckfestigkeitsklassen von Normalbeton und Schwerbeton

Druck-festigkeitsklasse	$f_{ck, cyl}$ [1] [N/mm²]	$f_{ck, cube}$ [2] [N/mm²]	Betonart
C8/10	8	10	
C12/15	12	15	
C16/20	16	20	
C20/25	20	25	
C25/30	25	30	Normalbeton
C30/37	30	37	
C35/45	35	45	
C40/50	40	50	
C45/55	45	55	
C50/60	50	60	
C55/67	55	67	
C60/75	60	75	Hochfester
C70/85	70	85	Beton
C80/95	80	95	
C90/105 [3]	90	105	
C100/115 [3]	100	115	

[1] $f_{ck, cyl}$ = charakteristische Festigkeit von Zylindern Durchmesser 150 mm, Länge 300 mm, Alter 28 Tage, Lagerung nach DIN EN 12390-2

[2] $f_{ck, cube}$ = charakteristische Festigkeit von Würfeln Kantenlänge 150 mm, Alter 28 Tage, Lagerung nach DIN EN 12390-2

[3] Allgemeine bauaufsichtliche Zulassung oder Zustimmung im Einzelfall erforderlich

Quelle: DIN EN 206-1

4.6 Grenzwerte für die Expositionsklassen bei chemischem Angriff durch Grundwasser [1] [2]

Chemisches Merkmal	XA1 schwach angreifend	XA2 mäßig angreifend	XA3 stark angreifend
pH-Wert	6,5...5,5	< 5,5...4,5	< 4,5 und ≥ 4,0
Kalklösende Kohlensäure (CO_2) [mg/l]	15...40	> 40...100	> 100 bis zur Sättigung
Ammonium [3] (NH_4^+) [mg/l]	15...30	> 30...60	> 60...100
Magnesium (Mg^{2+}) [mg/l]	300...1000	> 1000...3000	> 3000 bis zur Sättigung
Sulfat [4] (SO_4^{2-}) [mg/l]	200...600	> 600...3000	> 3000 und ≤ 6000

[1] Werte gültig für Wassertemperatur zwischen 5 °C und 25 °C sowie bei einer sehr geringen Fließgeschwindigkeit (näherungsweise wie für hydrostatische Bedingungen)

[2] Der schärfste Wert für jedes einzelne Merkmal ist maßgebend. Liegen zwei oder mehrere angreifende Merkmale in derselben Klasse, davon mindestens eines im oberen Viertel (bei pH im unteren Viertel), ist die Umgebung der nächsthöheren Klasse zuzuordnen. Ausnahme: Nachweis über eine spezielle Studie, dass dies nicht erforderlich ist.

[3] Gülle kann, unabhängig vom NH_4^+-Gehalt, in die Expositionsklasse XA1 eingeordnet werden.

[4] Bei chemischem Angriff durch Sulfat (ausgenommen bei Meerwasser) muss bei den Expositionsklassen XA2 und XA3 Zement mit hohem Sulfatwiderstand (HS-Zement) verwendet werden. Bei einem Sulfatgehalt des angreifenden Wassers von SO_4^{2-} ≤ 1500 mg/l darf anstelle von HS-Zement eine Mischung aus Zement und Flugasche verwendet werden. Chemischer Angriff durch Sulfat > 600 / > 1500 / > 3000 mg/l ist zusätzlich zu den Expositionsklassen XA2 und XA3 in der Festlegung anzugeben.

Quelle: DIN EN 206-1

4.7 Grenzwerte für Zusammensetzung und Eigenschaften von Beton – Teil 1

Expositionsklassen	kein Korrosions- oder Angriffsrisiko	Bewehrungskorrosion										
		durch Karbonatisierung verursacht				durch Chloride verursacht				Chloride aus Meerwasser		
						Chloride außer aus Meerwasser						
	XO[1)]	XC1	XC2	XC3	XC4	XD1	XD2	XD3	XS1	XS2	XS3	
Höchstzulässiger w/z-Wert	–	0,75		0,65	0,60	0,55	0,50	0,45				
Mindestdruckfestigkeitsklasse[3)]	C8/10	C16/20		C20/25	C25/30	C30/37[5)]	C35/45[5) 12)]	C35/45[5)]	siehe XD1	siehe XD2	siehe XD3	
Mindestzementgehalt[4)] in kg/m³	–	240		260	280	300	320[2)]	320[2)]				
Mindestzementgehalt[4)] bei Anrechnung von Zusatzstoffen in kg/m³	–	240		240	270	270	270	270				
Mindestluftgehalt in %	–	–		–	–	–	–	–				
Andere Anforderungen	–	–		–	–	–	–	–				

4.8 Grenzwerte für Zusammensetzung und Eigenschaften von Beton – Teil 2

Expositionsklassen	Betonkorrosion										
	durch Frostangriff				durch aggressive chemische Umgebung			durch Verschleiß			
	XF1	XF2	XF3	XF4	XA1	XA2	XA3	XM1	XM2	XM3	
Höchstzulässiger w/z-Wert	0,60	0,55[7)]	0,50[7)]	0,55	0,50	0,50[7)]	0,60	0,50	0,45	0,55	0,55	0,45
Mindestdruckfestigkeitsklasse[3)]	C25/30	C25/30 C35/45[12)]	C25/30 C35/45[12)]	C30/37	C25/30	C35/45[5) 12)]	C35/45[5)]	C30/37[5)]	C30/37[5)]	C35/45[5)]	
Mindestzementgehalt[4)] in kg/m³	280	300 320	300 320	320	280	320	320	300[9)]	300[9)]	320[9)]	
Mindestzementgehalt[4)] bei Anrechnung von Zusatzstoffen in kg/m³	270	[7)] [7)]	[7)] 270	[7)]	270	270	270	270	270	270	
Mindestluftgehalt in %[6)]	–	[6)] –	[6)] –	[6) 10)]	–	–	–	–	–	–	
Andere Anforderungen	Gesteinskörnungen mit Regelanforderungen und zusätzlichem Widerstand gegen Frost bzw. Frost und Taumittel (siehe DIN EN 12620)				–	–	–	bei Oberflächenbehandlung des Betons[11)]	–	–	Hartstoffe nach DIN 1100
	F_4	MS_{25}	F_2	MS_{18}							

1) Nur für Beton ohne Bewehrung oder eingebettetes Metall
2) Für massige Bauteile (kleinste Bauteilabmessung 80 cm) gilt der Mindestzementgehalt von 300 kg/m³
3) Gilt nicht für Leichtbeton
4) Bei einem Größtkorn der Gesteinskörnung von 63 mm darf der Zementgehalt um 30 kg/m³ reduziert werden. In diesem Fall darf 2) nicht angewendet werden
5) Bei Verwendung von Luftporenbeton aufgrund gleichzeitiger Anforderungen aus der Expositionsklasse XF eine Festigkeitsklasse niedriger
6) Der mittlere Luftgehalt im Frischbeton unmittelbar vor dem Einbau muß bei einem Größtkorn der Gesteinskörnung von 8 mm ≥ 5,5 Vol.-%, 16 mm ≥ 4,5 Vol.-%, 32 mm ≥ 4,0 Vol.-% und 63 mm ≥ 3,5 Vol.-% betragen. Einzelwerte dürfen diese Anforderungen um höchstens 0,5 Vol.-% unterschreiten
7) Zusatzstoffe des Typs II dürfen zugesetzt, aber nicht auf den Zementgehalt oder den w/z-Wert angerechnet werden
9) Höchstzementgehalt 360 kg/m³, jedoch nicht bei hochfestem Beton
10) Herstellung ohne Luftporen zulässig für
 a) erdfeuchten Beton mit w/z ≤ 0,40
 b) Anwendung von CEM III/B für:
 - Meerwasserbauteile: w/z ≤ 0,45; Mindestfestigkeitsklasse C35/45 und z ≥ 340 kg/m³
 - Räumerlaufbahnen w/z ≤ 0,35; Mindestfestigkeitsklasse C40/50 und z ≥ 360 kg/m³; Beachtung von DIN 19 569-1 [11]
11) Z.B. Vakuumieren und Flügelglätten.
12) Bei langsam und sehr langsam erhärtenden Betonen (r < 0,30) eine Festigkeitsklasse niedriger. Die Druckfestigkeit zur Einteilung in die geforderte Druckfestigkeitsklasse ist auch in diesem Fall an Probekörpern im Alter von 28 Tagen zu bestimmen.

Quelle: DIN 1045-2

4.9 Überwachungsklassen für Beton

Gegenstand	Überwachungsklasse 1	Überwachungsklasse 2[1]	Überwachungsklasse 3[1]
Druckfestigkeitsklasse für Normal- und Schwerbeton nach DIN EN 206-1 und DIN 1045-2	≤ C25/30[2]	≥ C30/37 und ≤ C50/60	≥ C55/67
Druckfestigkeitsklasse für Leichtbeton nach DIN EN 206-1 und DIN 1045-2 der Rohdichteklassen D1,0 bis D1,4	nicht anwendbar	≤ LC25/28	≥ LC30/33
D1,6 bis D2,0	≤ LC25/28	LC30/33 und LC35/38	≥ LC40/44
Expositionsklasse nach DIN 1045-2	X0, XC, XF1	XS, XD, XA, XM[3], XF2, XF3, XF4	–
Besondere Betoneigenschaften		– Beton für wasserundurchlässige Baukörper (z.B. Weiße Wannen)[4] – Unterwasserbeton – Beton für hohe Gebrauchstemperaturen T ≤ 250 °C – Strahlenschutzbeton (außerhalb des Kernkraftwerkbaus) – Für besondere Anwendungsfälle (z.B. Verzögerter Beton, Selbstverdichtender Beton, Betonbau beim Umgang mit wassergefährdeten Stoffen) sind die jeweiligen DAfStb-Richtlinien anzuwenden.	

[1] Wird Beton der Überwachungsklassen 2 und 3 eingebaut, muss die Überwachung durch das Bauunternehmen zusätzlich die Anforderungen von DIN 1045-3, Anhang B erfüllen und eine Überwachung durch eine dafür anerkannte Überwachungsstelle nach Anhang C der gleichen Norm durchgeführt werden.
[2] Spannbeton der Festigkeitsklasse C25/30 ist stets in Überwachungsklasse 2 einzuordnen.
[3] Gilt nicht für übliche Industrieböden
[4] Beton mit hohem Wassereindringwiderstand darf in die Überwachungsklasse 1 eingeordnet werden, wenn der Baukörper maximal nur zeitweilig aufstauendem Sickerwasser ausgesetzt ist und wenn in der Projektbeschreibung nichts anderes festgelegt ist.

Quelle: DIN 1045-3

4.10 Expositionsklassengruppen

In der nachstehenden Tabelle wurden Expositionsklassen für Stahlbeton, die üblicherweise gemeinsam auftreten, zu Gruppen zusammengefasst.

Gruppe	Expositionsklasse	Beispiele
0	X0 und außerhalb DIN EN 206-1	Innenbauteile ohne Bewehrung
1	XC1, XC2	Innenbauteile, Gründungsbauteile
2	XC3	offene Hallen, Innenbauteile mit hoher Luftfeuchte (z.B. Wäschereien)
3	XC4, XF1, XA1	Außenbauteile
4	mit Luftporenbildner: XF2, XF3, XS1, XD1	Außenbauteile in Küstennähe Wasserwechselzone von Süßwasser
5	XS1, XD1, XM1 mit Oberflächenbehandlung: XM2	Industrieböden
6	mit Luftporenbildner: XF4, XD2, XS2	Verkehrsflächen mit Taumitteln Meerwasserbauteile in der Wasserwechselzone
7	XS2, XD2, XA2, XF2, XF3	Bauteile in Meerwasser-Hafenanlagen, ständig unter Wasser
8	XS3, XD3, XA3, XM3 mit Hartstoffen: XM2	Industrieabwasseranlagen, Parkdecks
9	Sonstige (z.B. mit Luftporenbildner XD3 und XS3)	Sonstige

Quelle: BTB

4.11 Betondeckung der Bewehrung für Betonstahl in Abhängigkeit von der Expositionsklasse[1) 4)]

Expositionsklasse	Stabdurchmesser[2)] d_s [mm]	Mindestmaße c_{min} [mm]	Nennmaße c_{nom} [mm]
XC1	bis 10	10	20
	12, 14	15	25
	16, 20	20	30
	25	25	35
	28	30	40
	32	35	45
XC2, XC3	bis 20	20	35
	25	25	40
	28	30	45
	32	35	50
XC4	bis 25	25	40
	28	30	45
	32	35	50
XD1, XD2, XD3[3)]	bis 32	40	55
XS1, XS2, XS3	bis 32	40	55

[1)] Bei mehreren zutreffenden Expositionsklassen für ein Bauteil ist jeweils die Expositionsklasse mit den höchsten Anforderungen maßgebend
[2)] Bei Stabbündeln ist der Vergleichsdurchmesser d_{sv} maßgebend
[3)] Für XD3 können im Einzelfall zusätzlich besondere Maßnahmen zum Korrosionsschutz der Bewehrung nötig sein
[4)] Für Spannstahlbewehrung gelten die Anforderungen nach [3], Tabelle 4

Vergrößerung der Betondeckung
- bei Bauteilen aus Leichtbeton gilt – außer bei Expositionsklasse XC1 – zusätzlich, dass c_{min} mindestens 5 mm größer sein muss als der Durchmesser der größten porigen leichten Gesteinskörnung,
- bei Verschleißbeanspruchung besteht alternativ zu zusätzlichen Anforderungen an die Gesteinskörnungen die Möglichkeit, die Mindestbetondeckung der Bewehrung c_{min} zu vergrößern (Verschleißschicht).
  Richtwerte für die Dicke der Verschleißschicht: bei XM1: $\Delta c_{Verschleiß} = +\ 5$ mm
  bei XM2: $\Delta c_{Verschleiß} = + 10$ mm
  bei XM3: $\Delta c_{Verschleiß} = + 15$ mm
- beim Betonieren gegen unebene Flächen ist das Vorhaltemaß zu erhöhen:
  - generell um das Differenzmaß der Unebenheit
  - Mindesterhöhung um $\Delta c_{uneben} \geq + 20$ mm
  - bei Herstellung unmittelbar auf dem Baugrund um $\Delta c_{uneben} \geq + 50$ mm

Verminderung der Betondeckung zulässig bei
- Bauteilen mit hoher Betondruckfestigkeit f_{ck},
  wenn f_{ck} um 2 Festigkeitsklassen höher liegt als erforderlich, um 5 mm. Ausnahme: Abminderung für XC1 unzulässig.
- Bauteilen mit kraftschlüssiger Verbindung Fertigteil/Ortbeton:
  $c_{min} \geq 5$ mm im Fertigteil; $c_{min} \geq 10$ mm im Ortbeton
  bei Nutzung der Bewehrung im Bauzustand gelten jedoch die Tafelwerte für c_{min}.
- entsprechender Qualitätskontrolle
  bei Planung, Entwurf, Herstellung und Bauausführung sind Abminderungen entsprechend DBV-Merkblatt „Betondeckung und Bewehrung" zulässig, i. d. R. um 5 mm.

Quelle: DIN 1045-1

4.12 Anforderungen an die Begrenzung der Rissbreite nach DIN 1045-1, Abschnitt 11.2

Expositionsklasse	Rechenwert der Rissbreite w_k [mm] für Stahlbetonbauteile
XC1	0,4
XC2, XC3, XC4	0,3
XD1, XD2, XS1, XS2, XS3	0,3
XD3	0,3; im Einzelfall besondere Maßnahmen für den Korrosionsschutz

Für besondere Bauwerke, z.B. Brücken [18], druckwasserbeanspruchte Bauwerke (Behälter, Weiße Wannen [15], Betonflachdächer [29], Parkhäuser [26], vorgespannte Bauteile etc., können sich höhere Anforderungen hinsichtlich der Rissbreite ergeben.

Quelle: DIN 1045-1

4.13 Hinweise zur Einstufung von Betonbauteilen in Alkali-Feuchtigkeitsklassen gemäß [14]

Einige Gesteinskörnungen können alkalireaktive Kieselsäure enthalten, die mit im Porenwasser des Betons gelöstem Alkalihydroxid zu einem Alkalisilicatgel reagieren können. Unter bestimmten Voraussetzungen führt diese Reaktion zu einer Volumenvergrößerung, die zu einer Schädigung des Betons führen kann. Ablauf und Ausmaß der Reaktion hängen insbesondere von der Art und Menge der alkaliempfindlichen Gesteinsbestandteile, ihrer Größe und Verteilung, dem Alkalihydroxidgehalt in der Porenlösung sowie den Feuchtigkeits- und Temperaturbedingungen des erhärteten Betons ab.

Nach der Alkali-Richtlinie [14] müssen bei der Verwendung alkaliempfindlicher Gesteinskörnungen von der ausschreibenden Stelle die Betonbauteile im Leistungsverzeichnis in Abhängigkeit von ihren Umgebungsbedingungen einer Feuchtigkeitsklasse (s. Tafel) zugeordnet werden. Die Zuordnung hat im Anwendungsbereich der Richtlinie (s. Bild) stets zu erfolgen. Im Angrenzenden Bereich, im Gewinnungsgebiet präkambrischer Grauwacke und darüber hinaus dort, wo die Verwendung alkaliempfindlicher Gesteinskörnungen möglich ist, ist die gleiche Verfahrensweise zu empfehlen. Dabei sollten die „Vorläufigen Empfehlungen des DAfStb zur Vermeidung möglicher schädigender Alkalireaktionen bei Verwendung von Kies-Splitt und Kies-Edelsplitt des Oberrheins als Betonzuschlag", (beton, Heft 11/1999) berücksichtigt werden. Gegebenenfalls sind spezielle Länderregelungen zu beachten.

Die erforderlichen betontechnischen Maßnahmen der Alkali-Richtlinie sind so festgelegt, dass die Standsicherheit und Dauerhaftigkeit der Betonbauteile durch eine schädigende Alkalireaktion nicht beeinträchtigt werden. Einzelne kleinere Abplatzungen und feine Risse können jedoch auch bei Berücksichtigung der Richtlinie über oberflächennahen, alkaliempfindlichen Gesteinskörnern auftreten. Soll auch dieses vermieden werden (z.B. bei Sichtbeton), sind weitergehende Anforderungen zu stellen. Bei Fahrbahndecken aus Beton im Straßenbau siehe auch [36].

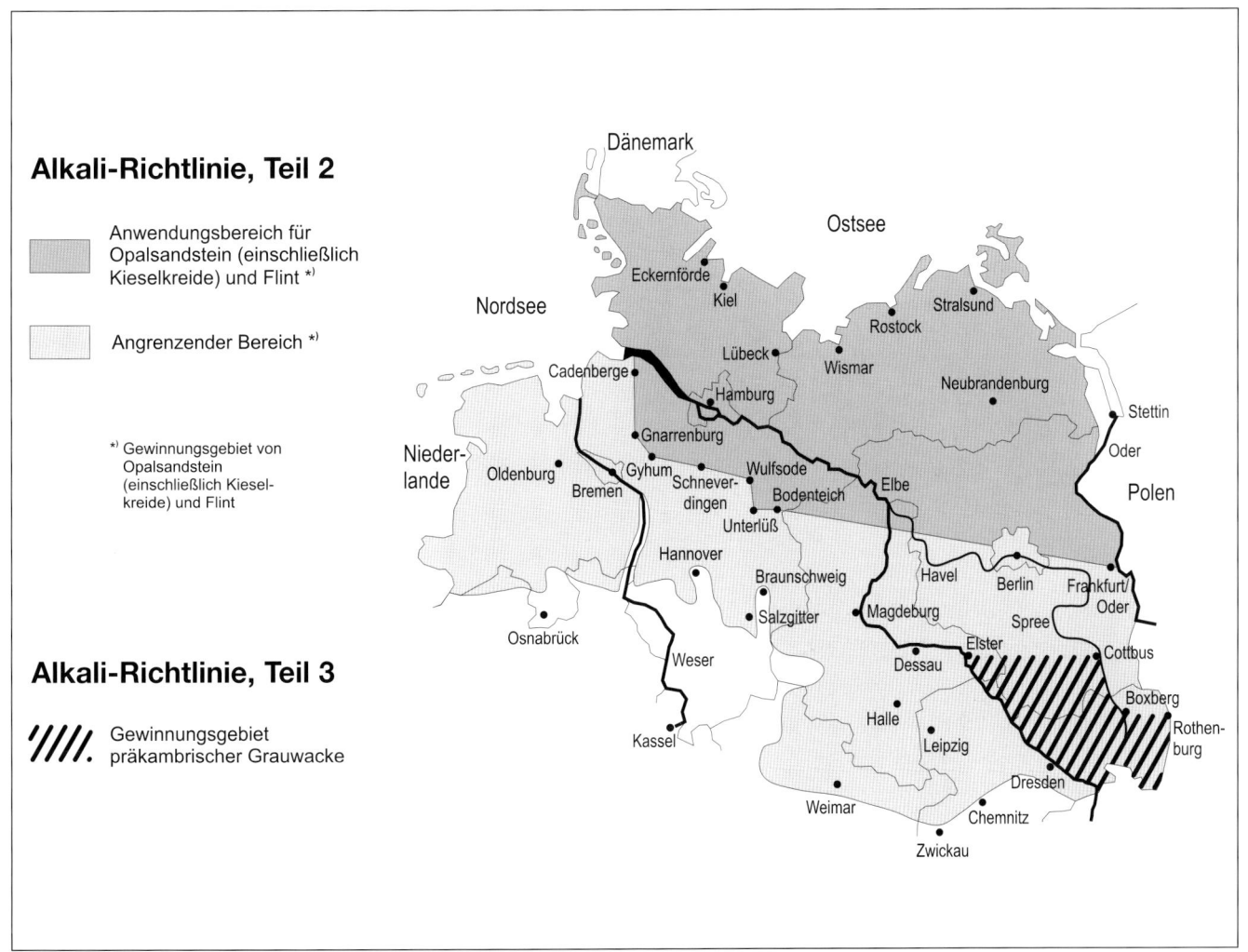

Bild: Bereiche der Alkali-Richtlinie und Gewinnungsgebiete alkaliempfindlicher Gesteinskörnungen

Feuchtigkeitsklassen von Betonbauteilen aufgrund der Umgebungsbedingungen

Feuchtigkeits klassen		Umwelteinflüsse	Beispiele
WO	„trocken"	Bauteile, die nach normaler Nachbehandlung nicht längere Zeit feucht und nach dem Austrocknen während der Nutzung weitgehend trocken bleiben.	• Innenbauteile des Hochbaus • Bauteile, auf die Außenluft, nicht jedoch z.B. Niederschläge, Oberflächenwasser, Bodenfeuchte einwirken können und/oder die nicht ständig einer Luftfeuchte von mehr als 80 % ausgesetzt werden.
WF	„feucht"	Bauteile, die während der Nutzung häufig oder längere Zeit feucht sind.	• Ungeschützte Außenbauteile, die z.B. Niederschlägen, Oberflächenwasser oder Bodenfeuchte ausgesetzt sind. • Innenbauteile des Hochbaus für Feuchträume, wie z.B. Hallenbäder, Wäschereien und andere gewerbliche Feuchträume, in denen die relative Luftfeuchte überwiegend höher als 80 % ist. • Bauteile mit häufiger Taupunktunterschreitung, wie z.B. Schornsteine, Wärmeübertragungsstationen; Filterkammern, Viehställe und Hohlkästen von Brücken. • Massige Bauteile, deren kleinstes Maß 0,50 m überschreitet (unabhängig vom Feuchtezutritt).
WA	„feucht + Alkalizufuhr von außen"	Bauteile, die zusätzlich zur Feuchtigkeitsklasse „feucht" häufiger oder langzeitiger Alkalizufuhr von außen ausgesetzt sind.	• Bauteile mit Meerwassereinwirkung • Bauteile mit Tausalzeinwirkung (z.B. Betonfahrbahnen, Flugplätze, Spritzwasserbereiche, Fahr- und Stellflächen in Parkhäusern). • Bauteile von Industriebauten und landwirtschaftlichen Bauwerken (z.B. Güllebehälter) mit Alkalisalzeinwirkung

Bestehen Unsicherheiten bei der Einstufung von Betonbauteilen, so sollte die Feuchtigkeitsklasse auf der sicheren Seite gewählt werden. Auch wenn für Beton oder Stahlbeton ein Oberflächenschutzsystem vorgesehen ist, so ist das Bauteil der Feuchtigkeitsklasse zuzuordnen, der es ohne das Schutzsystem ausgesetzt wäre.

Außenbauteile aus Beton in Meeresnähe sind bis zu einer Entfernung von ca. 1 km von der Küste der Expositionsklasse XS1 zuzuordnen. Näher an der Küste gelegene Bauteile, die direkt mit Spritzwasser beaufschlagt werden, fallen in die Expositionsklasse XS3 (DAfStb-Heft 526). Hinsichtlich der Alkalireaktion gilt in beiden Fällen die Feuchtigkeitsklasse WA.

4.14 Erläuterungen zur ZTV-ING

Neue Regelungen für Ingenieurbauten des BMVBW

ZTV-ING steht für die „Zusätzlichen Technischen Vertragsbedingungen und Richtlinien für Ingenieurbauten" des Bundesministeriums für Verkehr, Bau- und Wohnungswesen (BMVBW). Zum 1. Mai 2003 hat dieses Regelwerk u. a. die „alte" ZTV-K „Zusätzliche Technische Vertragsbedingungen für Kunstbauten" ersetzt. Die ZTV-ING bezieht sich auf das neue Regelwerk DIN EN 206-1/DIN 1045-2 sowie auf den DIN-Fachbericht 100 „Beton". Eine **Übergangszeit** „alt/neu" ist nicht vorgesehen. Nach dem 1. Mai 2003 sind demnach alle Ausschreibungen für ZTV-ING-Bauwerke nach den neuen Normen zu erstellen. Ausnahmen bedürfen der Zustimmung des Auftraggebers.

Für Betonhersteller bedeutet dies, dass sie sich künftig **nicht** wie bisher auf ein parallel zur Norm existierendes Regelwerk einstellen müssen. Mit der Umstellung auf die neuen Normen ist man damit auch lieferbereit für Beton nach ZTV-ING. Regelbaustoff nach ZTV-ING ist „Beton nach Eigenschaften". „Beton nach Zusammensetzung" bedarf der Zustimmung des Auftraggebers.

ZTV-ING weicht teilweise von der Norm ab

Die ZTV-ING übernimmt zwar die grundlegenden Anforderungen der neuen Norm, bei der Wahl der Expositionsklassen und bei den zugehörigen Druckfestigkeitsklassen gibt es jedoch Abweichungen von DIN EN 206-1/DIN 1045-2. Nachfolgend sind die abweichenden betontechnologischen Eckdaten der ZTV-ING dargestellt.

Anforderungen an Gesteinskörnungen und Beton

Gesteinskörnungen: DIN 4226-1	Organische Verunreinigungen $Q_{0,05}$ für grobe Gesteinkörnungen; $Q_{0,25}$ für feine Gesteinkörnungen (Sand)
	Kornformkennzahl mindestens SI_{20} bei gebrochenem Material
	Kornzusammensetzung nur enggestufte Gesteinkörnungen Zugabe in zwei bzw. drei getrennten Korngruppen
Beton: DIN EN 206-1/DIN 1045-2	CDF-Test als mögliche „Kontrollprüfung" für Expositionsklasse XF4
	Luftgehalt (Tab. 3.3.1, ZTV-ING) Anforderungen in Abhängigkeit von der Konsistenz
	Betontemperatur (abweichend von DIN 1045-3) im Tunnelbau max. 25° C

Zuordnung der Expositionsklassen bei Frost- und/oder Tausalzeinwirkung

vorwiegend horizontale, frost- bzw. tausalzbeaufschlagte Betonflächen	XF4, XD3
Schräge Flächen/tausalzhaltiges Spritzwasser	XF2, XD2
Betonflächen und tausalzhaltiger Sprühnebel	XF2, XD1
Trogsohlen (RStO), Tunnelsohlen, wasserundurchlässig	XD2
Trogsohlen (RstO), Tunnelsohlen, ohne Wasserdruck oder mit außenliegender Folie	XD1
Tunnelinnenschalen ohne Wasserdruck oder mit außenliegender Folie	XD1
Tunnelwände, wasserdurchlässig	XD2
Einfahrtbereiche von Tunneln	XF2, XD2

Grenzwerte der Betonzusammenstellung

Abweichung von DIN EN 206-1/DIN 1045-2 (graue Felder)	XF2	XF3	XD2; XA2	XF4 zusammen mit XD3
Höchstzulässiger w/z-Wert	0,50	0,50 / 0,55	0,50	0,50
Mindestdruckfestigkeitsklasse	C30/37	C30/37 / C25/30	C30/37	C25/30
min. z [kg/m³]	320	320 / 300	320	320
min. z+FA [kg/m³]	keine Anrechnung	270+50 / 270+30	270+50	keine Anrechnung
LP	–	– / 1)	–	1)
andere Anforderungen	Gesteinkörnung MS_{25}	Gesteinkörnung F_2 / Gesteinkörnung F_2	ggf. HS-Zement	Gesteinkörnung MS_{18}
Bauteile (Für Überbauten gilt DIN EN 206-1/DIN 1045-2)	Widerlager, Stützen, Pfeiler, Tunnelsohlen, Tunnelwände, Tunnelschalen, Trogsohlen, -wände	Gründungen (z.B. Bohrpfähle)	Widerlager, Stützen, Pfeiler, Bohrpfähle, Tunnelsohlen, Tunnelwände, Tunnelschalen, Trogsohlen, -wände	Kappen

1) gemäß ZTV-ING, Teil 3, Abschnitt 1, Beton

Besondere Anforderungen bezüglich der Verwendung von Zementen und Zusatzstoffen

Zement, Zusatzstoff	Regelungen nach ZTV-ING
CEM II-M Portlandkompositzement	mit Zustimmung des Auftraggebers
CEM III Hochofenzement	für Kappen und Betonschutzwände: nur CEM III/A ≤ 50 M.-% Hüttensandanteil
CEM II-P Portlandpuzzolanzement	Trass nach DIN 51043 als Puzzolan
Flugaschezugabe	max. 60 M.-% v.Z.; max. anrechenbar 80 kg/m³
Hochofenzement CEM III/B und Flugasche	für Gründungsbauteile (wie z.B. Bohrpfähle) erlaubt. Für weitere Anwendungen nur mit Zustimmung des Auftraggebers
Mikrosilika	als homogene Suspension, ausgenommen Trockengemisch für Spritzbeton
Flugasche und Mikrosilika gleichzeitig (auch als Zementbestandteil)	mit Zustimmung des Auftraggebers

[Quelle: BTB]

5 Schrifttum

[1] DIN EN 197 u. DIN EN 14216, Zement; Zusammensetzung, Anforderungen und Konformitätskriterien

[2] DIN EN 206-1 Beton – Teil 1: Festlegungen, Eigenschaften, Herstellung und Konformität

[3] DIN 1045-1, Tragwerke aus Beton, Stahlbeton und Spannbeton – Teil 1: Bemessung und Konstruktion

[4] DIN 1045-2, Tragwerke aus Beton, Stahlbeton und Spannbeton – Teil 2: Festlegung, Eigenschaften, Herstellung und Konformität; Anwendungsregeln zu DIN EN 206-1

[5] DIN 1045-3, Tragwerke aus Beton, Stahlbeton und Spannbeton – Teil 3: Bauausführung

[6] DIN 1045-4, Tragwerke aus Beton, Stahlbeton und Spannbeton – Teil 4: Regeln für Herstellung und Konformität von Fertigteilen

[7] DIN 1164, Zement mit besonderen Eigenschaften; Zusammensetzung, Anforderungen, Übereinstimmungsnachweis

[8] DIN 11622-2, Gärfuttersilos und Güllebehälter – Teil 2: Bemessung, Ausführung, Beschaffenheit, Gärfuttersilos und Güllebehälter aus Stahlbeton, Stahlbetonfertigteilen, Betonformsteinen und Betonschalungssteinen

[9] DIN 18560-7, Estriche im Bauwesen – Teil 7: Hochbeanspruchbare Estriche (Industrieestriche)

[10] DIN 18908, Fußböden für Stallanlagen, Spaltenböden aus Stahlbeton und Holz

[11] DIN 19569 –1, Kläranlagen – Baugrundsätze für Bauwerke und technische Ausrüstungen (Allg. Baugrundsätze)

[12] DAfStb-Richtlinie „Betonbau beim Umgang mit wassergefährdenden Stoffen"

[13] DAfStb-Richtlinie „Massige Bauteile aus Beton"

[14] DAfStb-Richtlinie „Vorbeugende Maßnahmen gegen schädigende Alkalireaktion im Beton"

[15] DAfStb-Richtlinie „Wasserundurchlässige Bauwerke aus Beton"

[16] RLW – Richtlinien für den ländlichen Wegebau, Deutscher Verband für Wasserwirtschaft und Kulturbau

[17] ZTV Beton-StB: Zusätzliche Technische Vertragsbedingungen und Richtlinien für den Bau von Fahrbahndecken aus Beton

[18] ZTV-ING – Zusätzliche Technische Vertragsbedingungen und Richtlinien für Ingenieurbauten

[19] ZTV-LW – Zusätzliche Technische Vertragsbedingungen und Richtlinien für die Befestigung ländlicher Wege

[20] ZTV-W, LB 215 „Wasserbauwerke aus Beton und Stahlbeton"

[21] AGI-Arbeitsblatt A12: Teil 1: Industrieböden, Industrieestriche

[22] Merkblatt ATV – M 168 „Korrosion von Abwasseranlagen – Abwasserableitung"

[23] Merkblatt „Grundlagen zur Bemessung von Industriefußböden aus Stahlfaserbeton", DBV-Merkblatt-Sammlung

[24] DIN 11622, Beiblatt 1, Gärfuttersilos und Güllebehälter Beiblatt 1: Erläuterungen, Systemskizzen für Fußpunktausbildung

[25] DBV-Merkblatt „Industrieböden aus Beton für Frei- und Hallenflächen", Deutscher Beton- und Bautechnik Verein, Berlin

[26] Bayer u.a.: Parkhäuser – aber richtig, Verlag Bau+Technik, Düsseldorf

[27] Anforderungskatalog zum Bau der Festen Fahrbahn, Deutsche Bahn AG

[28] Lohmeyer, Ebeling: Betonböden im Industriebau, Schriftenreihe der Bauberatung Zement

[29] Lohmeyer: Flachdächer, Verlag Bau+Technik, Düsseldorf

[30] Lohmeyer: Weiße Wannen – einfach und sicher, Verlag Bau+Technik, Düsseldorf

[31] Merkblatt für den Bau von Flugbetriebsflächen aus Beton, Forschungsgesellschaft für Straßen- und Verkehrswesen

[32] Flächenbefestigungen in Hafenanlagen, Hafenbautechnische Gesellschaft

[33] DAfStb-Richtlinie „Selbstverdichtender Beton"

[34] DAfStb-Heft 526 Erläuterungen zu den Normen DIN EN 206-1, DIN 1045-2, DIN 1045-3, DIN 1045-4 und DIN 4226

[35] DIN EN 12737, Betonspaltenböden für die Tierhaltung

[36] Allgemeines Rundschreiben Straßenbau (ARS) 15/2005, Vermeidung von Schäden an Fahrbahndecken aus Beton infolge von Alkali-Kieselsäure-Reaktion (AKR)